顾　涵　张惠国　主编
夏金威　徐　健　副主编

电子技术课程设计简明教程

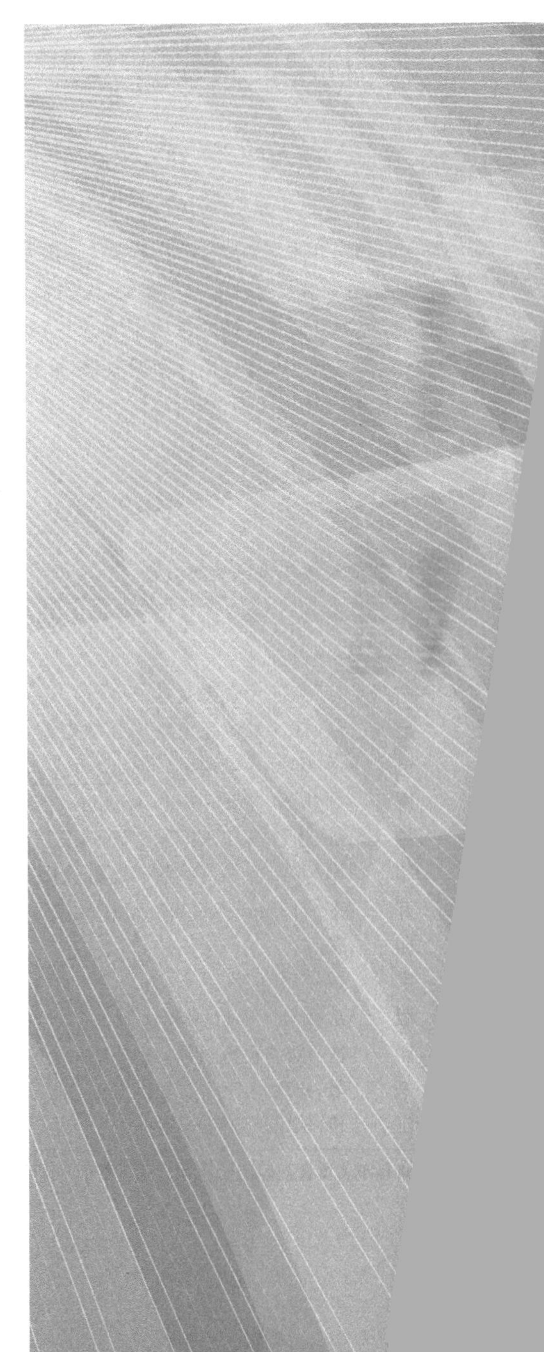

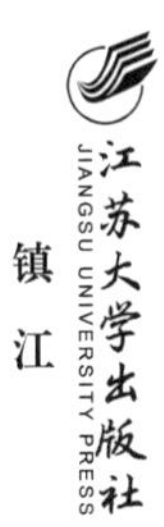

江苏大学出版社
JIANGSU UNIVERSITY PRESS
镇　江

图书在版编目(CIP)数据

电子技术课程设计简明教程 / 顾涵，张惠国主编
. — 镇江 ：江苏大学出版社，2019.11(2024.8 重印)
ISBN 978-7-5684-0404-4

Ⅰ. ①电… Ⅱ. ①顾… ②张… Ⅲ. ①电子技术—课程设计—高等学校—教材 Ⅳ. ①TN—41

中国版本图书馆 CIP 数据核字(2019)第 212454 号

内容简介

全书共 4 章，主要内容有电子技术基础、电子技术课程设计综述、Proteus 设计基础、Multisim 仿真技术。《电子技术课程设计简明教程》内容涵盖了电子技术的主要知识点，同时充分考虑应用型本科院校的教学需要，实用性强；课题设计思路详细，既有任务要求，又介绍了设计原理，对学生具有较强的指导作用。

《电子技术课程设计简明教程》可作为应用型本科院校电子信息类、机械类、计算机类等专业的电子技术课程设计教材，也可以作为电子工程设计技术人员的参考书。

电子技术课程设计简明教程

主　　编/顾　涵　张惠国
责任编辑/李经晶
出版发行/江苏大学出版社
地　　址/江苏省镇江市京口区学府路 301 号(邮编：212013)
　　话/0511-84446464(传真)
　　址/http://press.ujs.edu.cn
　　版/镇江市江东印刷有限责任公司
　　刷/苏州市古得堡数码印刷有限公司
　　本/710 mm×1 000 mm　1/16
　　张/9
　　数/176 千字
　　/2019 年 11 月第 1 版
　　/2024 年 8 月第 3 次印刷
　　SBN 978-7-5684-0404-4
　　.00 元

题请与本社营销部联系(电话:0511-84440882)

前　言

“电子技术课程设计”是建立在学生已学电路基础、模拟电子技术和数字电子技术课程的基础上，综合运用这些课程所学的理论知识，实际进行一次课题的设计、安装和调试。通过课程设计这项综合性实践训练，可以使学生进一步掌握电子技术理论知识和电子仪器仪表的使用方法，培养独立分析和解决问题的能力。

本书分为电子技术基础、电子技术课程设计综述、Proteus 设计基础、Multisim 仿真技术四部分内容，主要特色如下：

（1）因材施教，实用性强。

本书具有较强的实用性，在内容选取上充分考虑学生实际水平和教学需要。本书中，既有任务要求，又有设计原理介绍，对学生具有较强的指导作用。同时对设计选题也给出了较宽的范围，增强了选题的灵活性，以利于不同层次的学生进行选题和设计，同时还有利于教师根据不同的教学要求安排教学内容，实现因材施教。

（2）软硬结合，注重能力培养。

利用 Multisim（或者 Proteus）仿真软件，通过对模拟电子技术主要电路的仿真分析实例，让学生学会仿真软件的使用，加深对电路原理、信号传输、元器件参数对电路性能影响的了解，可以使学生较快地明确目标，节省时间，不受实验设备和场地的限制。在利用软件对电路进行辅助设计时，通过实验操作和硬件安装、调试，使学生进一步积累实践经验、提高实验能力、明晰工程应用的特点。

（3）结构灵活，系统性强。

全书中各章的编排既相互独立，又互相联系，有利于电子技术实践教学的组织和学生工程实践能力的训练。本书有较强的系统性，实践内容由浅入深，使学生循序渐进地掌握课程设计的全过程。

本书由顾涵负责全书的统稿，其中第 1 – 3 章由顾涵编写，第 4 章由张惠国、徐健、夏金威共同编写。

由于编者水平所限，加之时间仓促，同时电子信息学科的发展极为迅猛，知识更新很快，书中可能有错误和不妥之处，敬请广大读者和专家批评指正。

编　者
2019 年 1 月

目　录

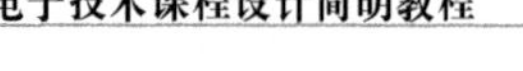

第1章

电子技术基础

本章对电子技术课程设计过程中常用的元器件和材料，以及仪器仪表的使用做简单的分析和介绍，这是开展课程设计的基础，需要学生提前掌握。除此之外，电子技术基础知识的掌握对于电类学科的学生而言也是必备的要求，对后期毕业设计的进行和今后的工作都有着重要的意义。

1.1 常规元器件

课程设计中用到的常规元器件包括电阻、电容、二极管、三极管等，其实物和电气符号如图1.1所示。此外，还会用到光敏电阻、电压比较器等器件，将在具体的设计中详细介绍。在实际应用中，不管哪类常规元件，都需要了解其基本的规格和使用规范，掌握基础的应用方法。

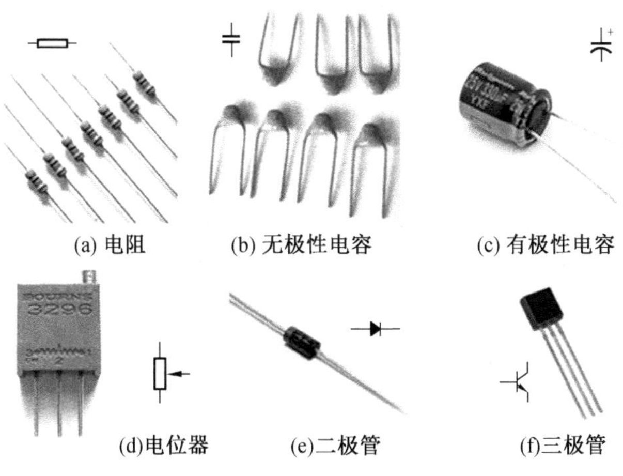

图1.1 常用元器件及电气符号

1.1.1 电阻器、电位器

1.1.1.1 电阻器概述

电阻器（resistance）简称电阻，通常用“R”表示，电阻是描述导体导电性能的物理量。当导体两端的电压一定时，电阻愈大，通过的电流就愈小；反之，电阻愈小，通过的电流就愈大。因此，电阻的大小可以用来衡量导体对电流阻碍作用的强弱，即导电性能的好坏。电阻值与导体的材料、形状、体积以及周围环境等因素有关。

电阻基本单位：欧姆（Ω）、千欧（kΩ）、兆欧（MΩ）、吉欧（GΩ）。1000 欧（Ω）=1 千欧（kΩ），1000 千欧（kΩ）=1 兆欧（MΩ），1000 兆欧（MΩ）=1 吉欧（GΩ）。

电阻器的电气性能指标通常有标称阻值、误差与额定功率等，应根据不同的电路环境，选用不同参数的电阻。

电阻器的种类

电阻器可以由不同的材料制作而成，不同材料表现出的功率、耐压、精度、温度系数等都不尽相同，常见的电阻器有碳膜电阻、金属膜电阻、金属氧化膜电阻、金属玻璃铀电阻（贴片电阻）、线绕电阻、水泥电阻、敏感电阻，此外还有排阻、可调电阻等其他电阻形式。表 1.1 是电阻材料及相关的代表符号。

表 1.1 电阻材料及代表符号

符号	T	J	X	H	Y	C	S	I	N
材料	碳膜	金属膜	线绕	合成膜	氧化膜	沉积膜	有机实芯	玻璃铀膜	无机实芯

（1）碳膜电阻（图 1.2）：最早也最普遍使用的电阻器，温度系数为负值，噪声大、精度等级低，各项参数都一般，但价格低廉，广泛应用于一般要求不高的电路场合中。

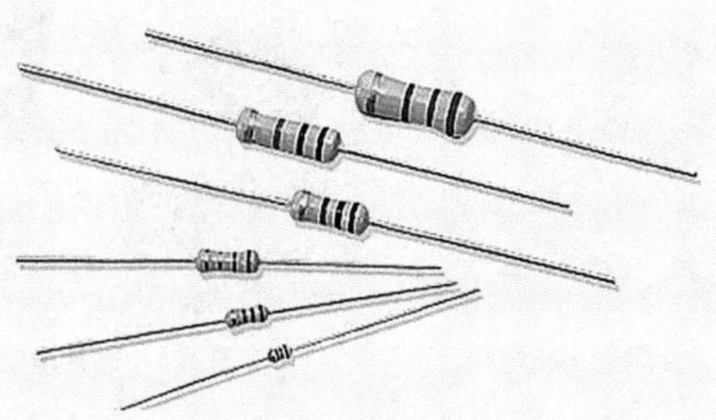

图 1.2　碳膜电阻

(2) 金属膜电阻（图 1.3）：这种电阻和碳膜电阻相比，体积小、噪声低、稳定性好、精度高，但价格比碳膜电阻稍贵。常用于要求较高的电路，适合高频应用。

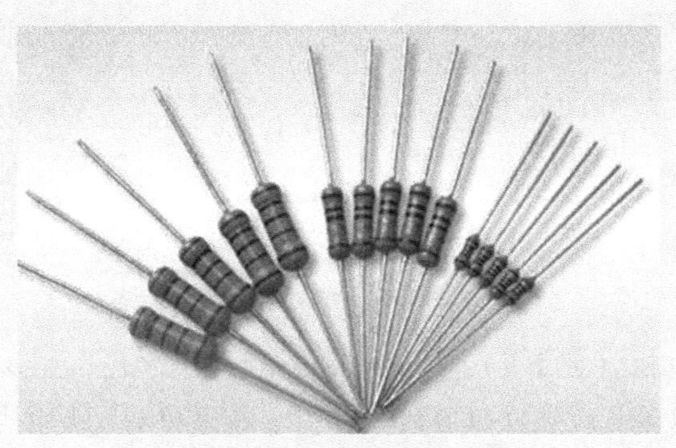

图 1.3　金属膜电阻

(3) 金属氧化膜电阻（图 1.4）：这种电阻外形与金属膜电阻相似，阻值范围较窄，在 1 ~ 200 kΩ 有极好的脉冲高频过负载特性，机械性能好，化学性能稳定，但温度系数比金属膜电阻差。

(4) 金属玻璃铀电阻、贴片电阻（图 1.5）：将金属粉和玻璃铀粉混合，采用丝网印刷法印在基板上。这种电阻耐潮湿、高温，温度系数小，主要应用于厚膜电路。贴片电阻是金属玻璃铀电阻的一种，电阻器表面覆盖金属玻璃铀，抗污染性强，耐湿，绝缘度高，耐化学气体侵蚀，耐高温，温度系数小，可在恶劣环境下使用。贴片电阻可大大节约电路空间成本，使设计更精细化。

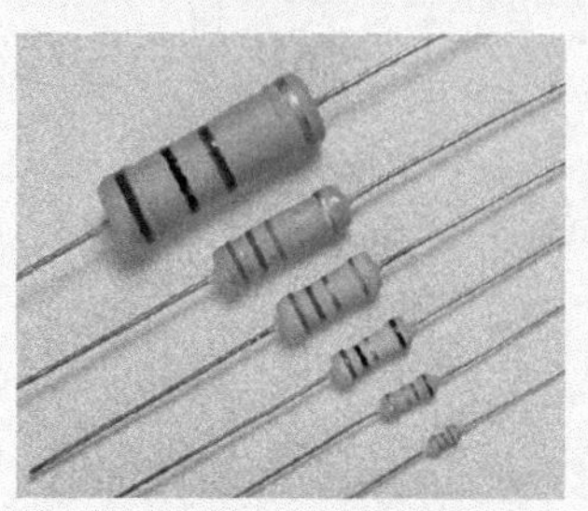

图 1.4 金属氧化膜电阻

图 1.5 贴片电阻

(5) 线绕电阻（图 1.6）：线绕电阻可以制成精密型和功率型电阻，所以常在高精度或大功率电路中使用，因其分布参数较大，不适合应用在高频电路中。

图 1.6 线绕电阻

(6) 水泥电阻（图 1.7）：水泥电阻，就是用水泥（耐火泥）灌封的电阻器，水泥电阻器是线绕电阻器的一种，它属于功率较大的电阻，能够允许较大电流的通过。水泥电阻器具有外形尺寸较大、耐震、耐湿、耐热及良好散热、价格低廉等特性。

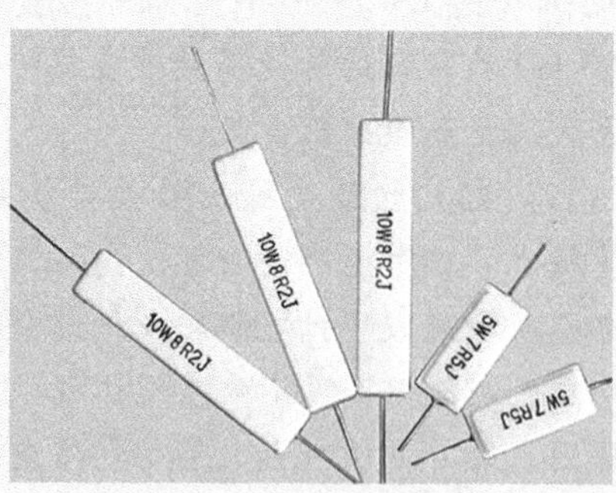

图 1.7 水泥电阻

(7) 敏感电阻（图 1.8）：敏感电阻一般作为传感器使用，主要用于检测光照、温度、湿度等物理量，通常有光敏、热敏、湿敏、压敏、气敏等不同类型的电阻形式。

(a) 光敏电阻　　(b) 热敏电阻　　(c) 湿敏电阻

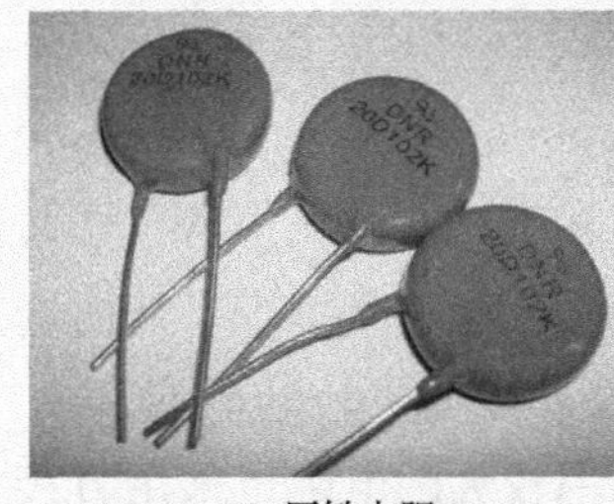

(d) 压敏电阻

(e) 气敏电阻

图 1.8　各种敏感电阻

1.1.1.2　电阻器标称阻值和误差

电阻的标称阻值分为 E6，E12，E24，E48，E96 和 E192 六大系列，分别适用于允许偏差（误差）为 ±20%，±10%，±5%，±2%，±1% 和 ±0.5% 的电阻器。E6，E12，E24 属于普通型电阻系列；E48，E96，E192 系列为高精密电阻系列。本书中使用的电阻主要是 E24 或 E12 系列（表 1.2）。

表 1.2　电阻器、电位器、电容器的标称

标称系列	精度	电阻器、电位器、电容器的标称数值							
E24	±5%	1.0	1.1	1.2	1.3	1.5	1.6	1.8	2.0
		2.2	2.4	2.7	3.0	3.3	3.6	3.9	4.3
		4.7	5.1	5.6	6.2	6.8	7.5	8.2	9.1

续表

标称系列	精度	电阻器、电位器、电容器的标称数值							
E12	±10%	1.0	1.2	1.5	1.8	2.2	2.7	3.3	3.9
		4.7	5.6	6.8	8.2				

电阻的精度也可以用不同的字母表示，如表 1.3 所示。

表 1.3 字母表示精度的含义

精度	±0.001%	±0.002%	±0.005%	±0.01%	±0.02%	±0.05%	±0.1%
符号	L	P	W	H	U	A	B
精度	±0.25%	±0.5%	±1%	±2%	±5%	±10%	±20%
符号	C	D	F	G	J	K	M

1.1.1.3 电阻器的功率

电阻的功率规格可分为：1/16 W，1/8 W，1/4 W，1 W，2 W，5 W 等。电路设计时需要充分考虑该电阻的实际功率最大能达到多少，从而选择一个额定功率比这个最大实际功率略大的电阻。

电阻器的功率可由体积识别，对于功率较大的电阻也采用直接标示。电阻器功率在原理图中的符号如图 1.9 所示。

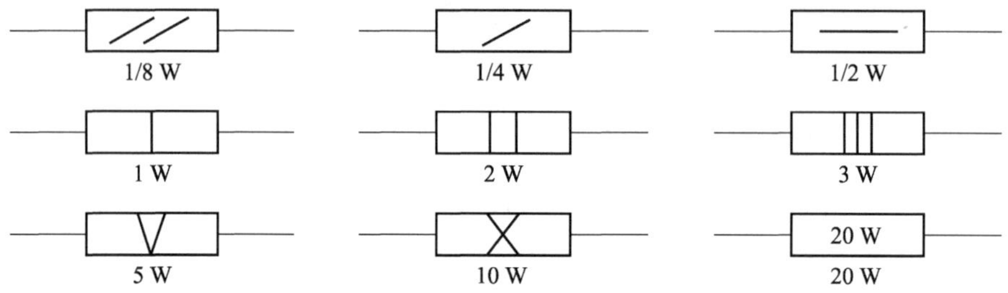

图 1.9 原理图中电阻器额定功率符号

选择合适的电阻额定功率

根据焦耳定律，电流通过电阻时会产生热量，电阻越大、电流越大、时间越长，电阻发热也就越厉害。如果电阻阻值为 R，通过电阻的电流 I，根据公式 $P=I^2R$，该电阻的额定功率为 P，若在工作时实际功率大于 P，则电阻就会被烧毁（图 1.10），表现为电阻焦黑、发臭，严重时甚至起火、爆炸。

图 1.10　被烧毁的电阻

之所以出现烧毁电阻的情况，一般有以下两种可能：一是电阻选择不合理，其额定功率小于实际功率；二是电路突然出现故障，导致电阻上的电流剧增而被烧毁。这两个问题都需要在实际电路设计及制作中预防。

1.1.1.4　电阻器的参数标示

电阻器的标称阻值、误差与额定功率等，常以各种方法标记在电阻体上，像碳膜、金属膜、金属氧化膜等电阻，常使用色环对其阻值、误差进行标称，其他形式的电阻如贴片电阻、线绕电阻、水泥电阻等，常用文字或符号表示。额定功率 2 W 以下的电阻一般可由体积识别，额定功率 2 W 以上的电阻则使用文字符号进行直标。

1. 色环表示法

在电阻器上看到五颜六色的色环不是为了美观设计，而是具有特定的含义，用来表示电阻器的阻值和误差。这种电阻即为色环电阻。色环电阻（图 1.11）普通的为四色环，高精密的用五色环表示，另外还有六色环（比较稀少）电阻。

色环电阻用来表示阻值的颜色有：黑、棕、红、橙、黄、绿、蓝、紫、灰、白，依次代表数字 0，1，2，3，4，5，6，7，8，9。另外有金色和银色，分别表示误差 ± 5% 和 ±10%。金色和银色仅作为最后一环，所以可以通过金和银色来确定色环的读取方向。

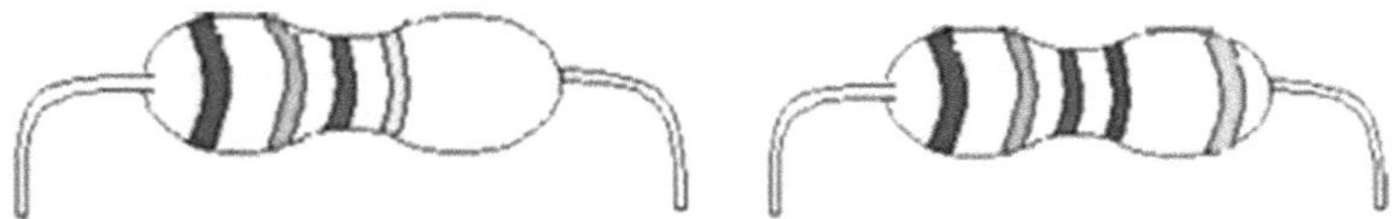

图 1.11　四色环和五色环电阻

色环读数

四色环电阻就是指用四条色环表示阻值的电阻，从左向右数第一道色环表示阻值的最大一位数字；第二道色环表示阻值的第二位数字；第三道色环表示阻值倍乘的数；第四道色环表示阻值允许的偏差（精度）。

例如，一个电阻的第一环为棕色（代表1）、第二环为黑（代表0）、第三环为棕色（代表10倍）、第四环为金色（代表±5%），那么这个电阻的阻值应该是100 Ω，阻值的误差范围为±5%。

五色环电阻就是指用五色色环表示阻值的电阻。从左向右数，第一道色环表示阻值的最大一位数字；第二道色环表示阻值的第二位数字；第三道色环表示阻值的第三位数字；第四道色环表示阻值的倍乘数；第五道色环表示误差范围。

例如，五色环电阻，第一环为红色（代表2）、第二环为黑色（代表0）、第三环为黑色（代表0）、第四环为棕色（代表10倍）、第五环为棕色（代表±1%），则其阻值为200 Ω×10=2000 Ω，误差范围为±1%。

用不同颜色表示电阻数值和偏差或其他参数时的色标符号规定如表1.4所示。值得注意的是，在读取色环时，金、银色环不作第一色环，偏差色环会稍远离前面几个色环。在色环不易分辨的情况下，可利用电阻标称值或者万用表进行识别。

表1.4 色环含义

色别	第一环	第二环	第三环	第四环	第五环	
	第一位数	第二位数	第三位数	应乘倍率	字母	精度
棕	1	1	1	10	F	±1%
红	2	2	2	100	G	±2%
橙	3	3	3	1k		
黄	4	4	4	10k		
绿	5	5	5	100k	D	±0.5%
蓝	6	6	6	1M	C	±0.25%
紫	7	7	7	10M	B	±0.1%
灰	8	8	8	100M	A	±0.05%
白	9	9	9	1G		

续表

色别	第一环	第二环	第三环	第四环	第五环	
	第一位数	第二位数	第三位数	应乘倍率	字母	精度
黑	0	0	0	1		
金	——	——	——	0.1	J	±5%
银	——	——	——	0.01	K	±10%
无	——	——	——	——	M	±20%

2. 电阻阻值表示方法

对于贴片电阻、绕线电阻、大功率电阻常直接用数字、字母、符号等形式表示，也有在电阻表面用具体数字、单位符号等直接标出。

(1) 贴片电阻的数码表示

贴片电阻主要有 3 位数表示法和 4 位数表示法（图 1.12）。

3 位数表示法：这种表示方法前两位数字代表电阻值的有效数字，第 3 位数字表示在有效数字后面应添加“0”的个数。当电阻小于 10 Ω 时，在数码中用 R 表示电阻值小数点的位置，这种表示法通常用在阻值误差为 5% 的电阻系列中。比如：330 表示 33 Ω，而不是 330 Ω；221 表示 220 Ω；683 表示 68000 Ω 即 68 kΩ；105 表示 1 MΩ；6R2 表示 6.2 Ω，5.1 kΩ 可以标为 5K1。

(a) 3位数表示的贴片电阻

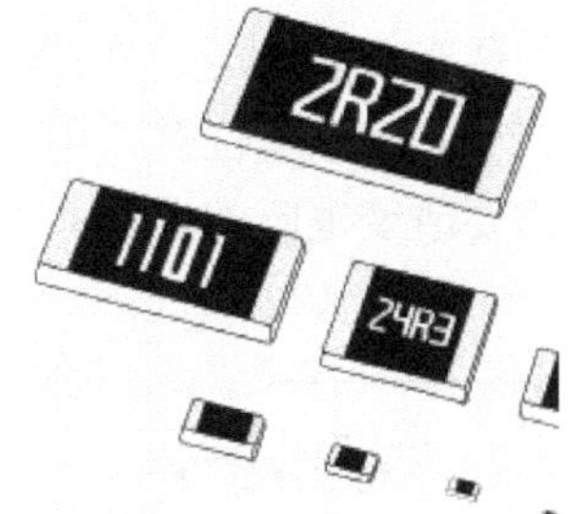

(b) 4位数表示的贴片电阻

图 1.12 贴片电阻标注

4 位数表示法：这种表示法前 3 位数字代表电阻值的有效数字，第 4 位表示在有效数字后面应添加 0 的个数。当电阻小于 10 Ω 时，代码中仍用 R 表示电阻值小数点的位置，这种表示方法通常用在阻值误差为 1% 的精密电阻系列中。比如：0100 表示 10 Ω 而不是 100 Ω；1000 表示 100 Ω 而不是 1000 Ω；4992 表示 49900 Ω，即 49.9 kΩ；1473 表示 147000 Ω 即 147 kΩ；0R56 表示 0.56 Ω。

(2) 文字和符号的表示

一般来说，文字和符号表示的电阻参数比较直观明了，下面以示例来说明文字和符号表示法。

水泥电阻 10W1RJ（图 1.13）：10W 标示额定功率，1 Ω 标示电阻，J 表示精度 ±5%。

线绕电阻 RX21－12W，100RJ（图 1.14）：R 表示电阻，X 表示线绕，2 表示普通型，1 表示序号，12 W 表示额定功率，100R 表示阻值 100 Ω，J 表示精度 ±5%。

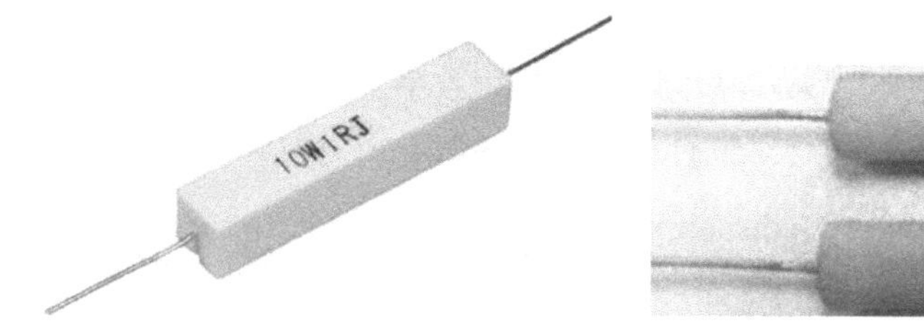

图 1.13　水泥电阻的标示　　图 1.14　线绕电阻的标示

1.1.1.5　电位器

电位器是一种可调电阻，它有两个固定端和一个滑动端，在滑动端与固定端之间阻值可调。常采用多圈可调玻璃轴电位器，安装形式有立式或者卧式。

日常使用的调光灯、吊扇、收音机等设备上都能找到电位器。收音机的音量调节旋钮后面，就是一个电位器，用手拧动旋钮就能改变收音机的音量大小。

电位器在需要改变电阻的场合非常方便，往往可以形成分压网络，如图 1.15 所示。

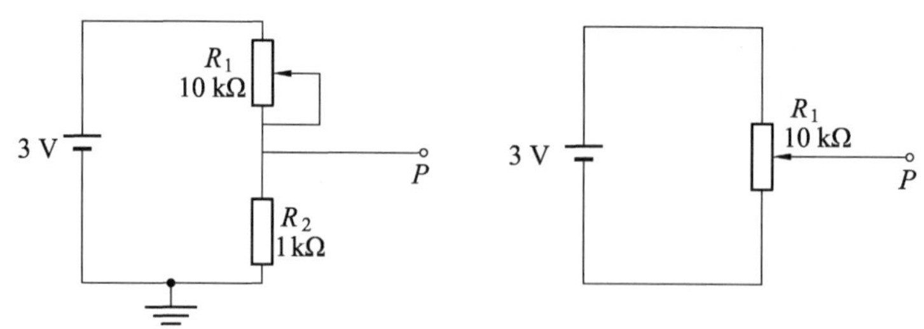

图 1.15　电位器的分压作用

在电路设计中，如果电位器需要用户在使用中参与调整，如收音机中的音量调节，则可用转轴式电位器，如图 1.16（a）所示，并把这些电位器设计在面板上，方便随时调节；如果只是在电路调试时调整某些电路参数使用，则可选择微调电位器，如图 1.16（b）所示，这些电位器大多直接焊接在电路板上，使用小号的一字或十字螺丝刀进行调节，电路调试完毕后一般不用再去动它。

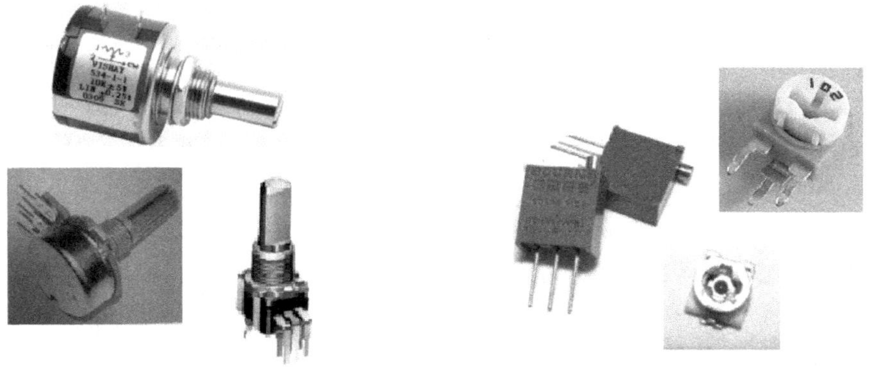

(a) 轴式电位器　　(b) 微调电位器

图 1.16　常用电位器

1.1.2　电容器

1.1.2.1　电容器概述

电容器（capacitor，通常用“C”表示）是一种储能元件，简称电容，任何两个彼此绝缘且相隔很近的导体（包括导线）间都可构成一个电容器，能够储藏电荷。电容是最常用的电子元件之一，广泛应用于电路中的隔直通交、耦合、旁路、滤波、调谐回路、能量转换、控制等方面。常见的电容器如图 1.17 所示。

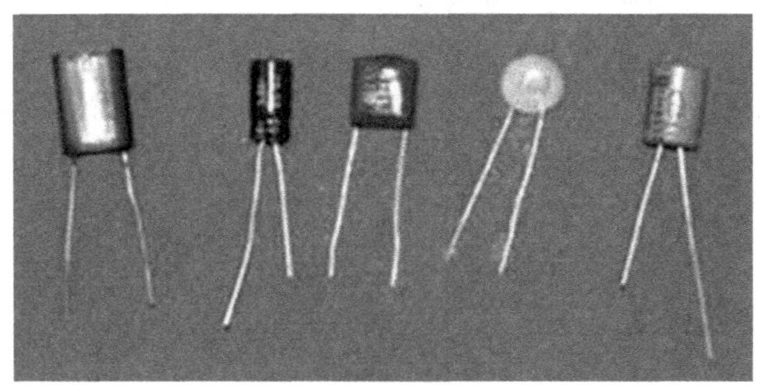

图 1.17　常见的电容器

电容的基本单位是法拉，用F表示，此外还有mF（毫法）、μF（微法）、nF（纳法）、pF（皮法），由于电容F的容量非常大，所以一般都是μF，nF，pF为单位，而不是F的单位。

电容器的发展

最原始的电容器创于1746年，荷兰莱顿大学的P. 穆森布罗克（Pieter Von Musschenbrock，1692—1761）在做电学实验时，无意中把一个带了电的钉子掉进玻璃瓶里，他以为要不了多久，铁钉上所带的电就会跑掉，过了一会儿，他想把钉子取出来，可当他一只手拿起桌上的瓶子，另一只手刚碰到钉子时，突然感到一种电击式的振动。这到底是铁钉上的电没有跑掉，还是自己神经过敏呢？于是，他又照着刚才的样子重复了好几次实验，而每次的实验结果都和第一次一样，于是他非常高兴地得到一个结论：把带电的物体放在玻璃瓶子里，电就不会跑掉，这样就可以把电储存起来。这个瓶也被称为“莱顿瓶”（图1.8），成为电容器的雏形。

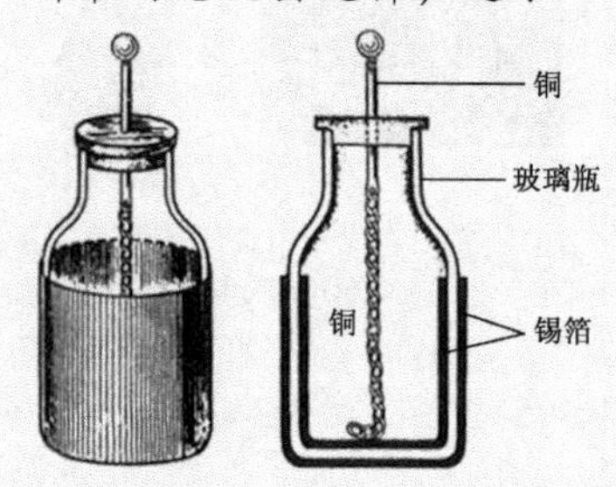

图1.18 莱顿瓶

1874年，德国M. 鲍尔发明了云母电容器。云母是一种天然的绝缘介质，介电系数大。云母很容易形成薄膜，使得电容器两端电极大大缩短。云母电容器使电容器性能大大提高。

1876年，英国D. 菲茨杰拉德发明纸介电容器。

1900年，意大利L. 隆巴迪发明陶瓷介质电容器。

20世纪30年代，人们发现在陶瓷中添加钛酸盐可使介电常数成倍增长，因而制造出比较便宜的陶瓷介质电容器。

1921年，出现液体铝电解电容器。

1938年前后，液化铝电解电容器改进为由多孔纸浸渍电糊的干式铝电解电容器。

1949年出现液体烧结钽电解电容器。

1956年，制造出固体烧结钽电解电容器。

1.1.2.2 电容器种类

制作电容的材料很多，常用的电容器按介质材料可分为铝电解电容器(CD)、钽电解电容器（CA)、瓷片电容（CC)、云母电容（CY)、聚丙烯(CBB)、聚四氟乙烯（CF)、聚苯乙烯（CB)、独石电容器、涤纶电容器（CL)、可变电容器等。

按电极分类，电容器主要可分为金属箔电容器、金属化电容器、由电介质构成负极的电介质电容器。按封装方式与引线方式分类，电容器主要可分为贴片电容器、轴向引线电容器、同向引线电容器、双列直插电容器、插脚式电容器、螺栓电容器、穿心电容器等。常用的电容结构和特点如表 1.5 所示。

表 1.5 常用电容的结构和特点

电容种类	电容结构和特点	实物图片
铝电解电容	由铝圆筒负极，里面装有液体电解质，插入一片弯曲的铝带做正极制成。还需要经过直流电压处理，使正极片上形成一层氧化膜做介质。它的特点是容量大，但是漏电大、误差大、稳定性差，常用作交流旁路和滤波，在要求不高时也用于信号耦合。电解电容有正、负极之分，使用时不能接反。	
纸介电容	用两片金属箔做电极，夹在极薄的电容纸中，卷成圆柱形或者扁柱形芯子，然后密封在金属壳或者绝缘材料（如火漆、陶瓷、玻璃铀等）壳中制成。它的特点是体积较小，容量可以做得较大。但是固有电感和损耗都比较大，用于低频电路比较合适。	
金属化纸介电容	结构和纸介电容基本相同。它是在电容器纸上覆上一层金属膜来代替金属箔，其体积小，容量较大，一般用在低频电路中。	

续表

电容种类	电容结构和特点	实物图片
油浸纸介电容	它是把纸介电容浸在经过特别处理的油里，能增强耐压性；特点是电容量大、耐压高，但是体积较大。	
玻璃铀电容	以玻璃铀作介质，具有瓷介电容器的优点，且体积更小，耐高温。	
陶瓷电容	用陶瓷做介质，在陶瓷基体两面喷涂银层，然后烧成银质薄膜做极板制成。它的特点是体积小、耐热性好、损耗小、绝缘电阻高，但容量小，适宜用于高频电路。铁电陶瓷电容容量较大，但是损耗和温度系数较大，适用于低频电路。	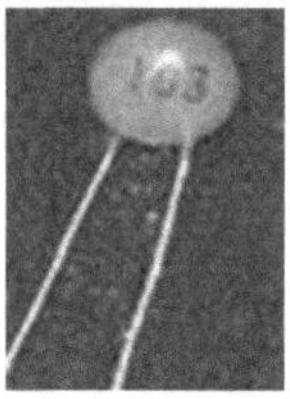
薄膜电容	结构和纸介电容相同，介质是涤纶或者聚苯乙烯。 涤纶薄膜电容，介电常数较高，体积小，容量大，稳定性较好，适宜做旁路电容。 聚苯乙烯薄膜电容，介质损耗小，绝缘电阻高，但是温度系数大，可用于高频电路。	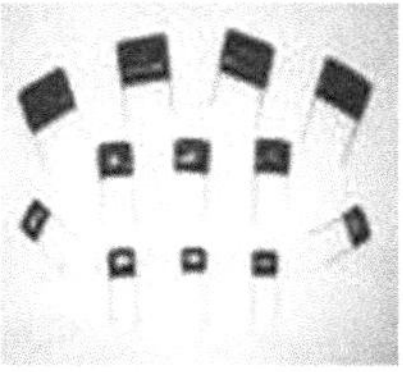 
云母电容	用金属箔或者在云母片上喷涂银层做电极板，极板和云母一层一层叠合后，再压铸在胶木粉或封固在环氧树脂中制成。它的特点是介质损耗小，绝缘电阻大、温度系数小，适用于高频电路。	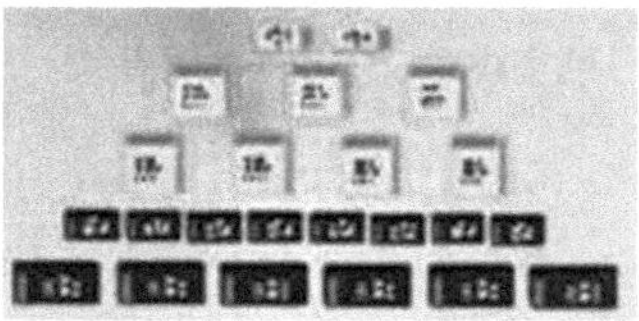
钽、铌电解电容	它用金属钽或者铌做正极，用稀硫酸等配液做负极，用钽或铌表面生成的氧化膜做介质制成。它的特点是体积小、容量大、性能稳定、寿命长、绝缘电阻大、温度特性好，用在要求较高的设备中。	

续表

电容种类	电容结构和特点	实物图片
半可变电容	也叫作微调电容。它是由两片或者两组小型金属弹片，中间夹着介质制成。调节的时候改变两片之间的距离或者面积。它的介质有空气、陶瓷、云母、薄膜等。	
可变电容	它由一组定片和一组动片组成，它的容量随着动片的转动可以连续改变。把两组可变电容装在一起同轴转动，叫作双连。可变电容的介质有空气和聚苯乙烯两种。空气介质可变电容体积大，损耗小，多用在电子管收音机中。聚苯乙烯介质可变电容做成密封式的，体积小，多用在晶体管收音机中。	

超级电容

超级电容器（supercapacitors ultracapacitor）又名电化学电容器（electrochemical capacitors），双电层电容器（electrical double-layer capacitor）、黄金电容、法拉电容，是 20 世纪七八十年代发展起来的通过极化电解质来储能的一种电化学元件。

超级电容器是建立在德国物理学家亥姆霍兹（1821—1894）提出的界面双电层理论基础上的一种全新的电容器。不同于传统的化学电源，超级电容器是一种介于传统电容器与电池之间、具有特殊性能的电源，主要依靠双电层和氧化还原赝电容电荷储存电能。但在其储能的过程中并不发生化学反应，这种储能过程是可逆的，此超级电容器可以反复充放电数十万次。超级电容器基本原理和其他种类的双电层电容器一样，都是利用活性炭多孔电极和电解质组成的双电层结构获得超大的容量。

超级电容器的突出优点是功率密度高、充放电时间短、循环寿命长、工作温度范围宽，是世界上已投入量产的双电层电容器中容量最大的一种。超级电容的相关性能参数和比较如图 1.19 和图 1.20 所示。

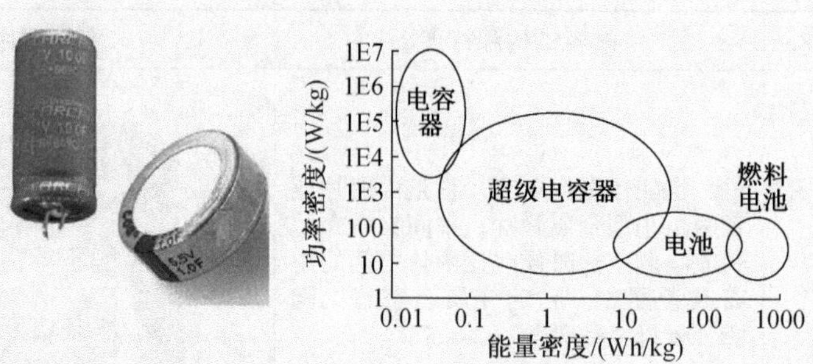

图 1.19　超级电容和能量密度

序号	比较项目	普通电容器	超级电容器	电池
1	循环寿命	$\geqslant 10^6$	$>10^5$	$<10^4$
2	容量	$C=Q/U=$ lt/u		Q = lt
		μF 和 pF 级	1 ~ 5000 F	Ah
3	功率密度	$P=$ u. l/mass		P = u. l/mass
		$10^4 \sim 10^5$ W/kg	$10^2 \sim 10^4$ W/kg	<500 W/kg
4	能量密度	E = （CU^2/2/3600/mass） Wh/kg		E/Ult
		≤0. 2 Wh/kg	0. 2 ~ 20 Wh/kg	20 ~ 200 Wh/kg
5	充放电速度	≤10 s	10 s ~ 10 min	1 ~ 10 h
6	大电流特性	上百安至千安	一般在 20 A 至上千安	一般在 2 ~ 10 A
7	工作电压	百伏至千伏	几伏	几伏
8	工作温度	温度范围大	−40 ~ +70°	−20 ~ +60°
9	环境污染	无污染	绿色能源（活性炭） 不污染环境	化学反应 污染环境
10	安全性	安全	安全	过热甚至爆炸

图 1.20　超级电容和其他储能产品的性能比较

与蓄电池和传统物理电容器相比，超级电容器的特点主要体现在：

(1) 功率密度高：可达 $10^2 \sim 10^4$ W/kg，远高于目前蓄电池的功率密度水平。

(2) 循环寿命长：在几秒钟的高速深度循环 10 万次 ~50 万次后，超级电容器的特性变化很小，容量和内阻仅降低 10% ~20%。

（3）工作温限宽：由于在低温状态下超级电容器中离子的吸附和脱附速度变化不大，因此其容量变化远小于蓄电池。目前商业化超级电容器的工作温度范围可达 -40℃ ~ +70℃。

（4）免维护：超级电容器的充放电效率高，对过充电和过放电有一定的承受能力，可稳定地反复充放电，在使用和管理得当的情况下是不需要进行维护的。

（5）绿色环保：超级电容器在生产过程中不使用重金属和其他有害的化学物质，符合欧盟的 RoHS 指令，且自身寿命较长，因而是一种新型的绿色环保电源。

1.1.2.3　电容器的主要参数

1. 技术参数

（1）容量及精度

容量是电容器的基本参数，数值标在电容体上，不同类别的电容有不同系列的标称值。常用的标称值系列与电阻标称值相同。应注意，某些电容的体积过小，常常在标称容量时不标单位符号，只标数值。电容器的容量精度等级较低，一般误差在 ±5% 以上。

（2）额定电压

电容器两端加电压后，能保证长期工作而不被击穿的电压称为电容器的额定电压。额定电压的数值通常都在电容器上标出。

（3）损耗角

电容器介质的绝缘性能取决于材料及厚度。绝缘电阻越大漏电流越小。漏电流的存在，将使电容器消耗一定电能，由于电容损耗而引起的相移角称为电容器的损耗角。

2. 型号命名方法

根据国家标准，电容器型号命名由四部分内容组成：第一部分为主称字母，用 C 表示；第二部分为介质材料；第三部分为类别；第四部分为用数字表示序号。一般只需三部分，即两个字母一个数字。

【例如】　CC104 表示：Ⅲ级精度（+20%）0.1μF 瓷介电容器；

CBBl20.68Ⅱ表示：Ⅱ级精度（+10%）0.68μF 聚丙烯电容器。

一般在体积较大的电容器主体上除标上述符号外，还标有标称容量、额定电压、精度与技术条件等。

3. 容量的标示方法

电容器的容量单位有 F（法拉）、mF（毫法）、μF（微法）、nF（纳法）、pF（皮法或微微法）。

【例如】 4n7 表示：4.7 nF 或 4700 pF；
0.22 表示：0.22 μF；
510 表示：510 pF。

没标单位的数字的读法是：当容量在 1 ~ （10^6 −1）pF 之间时，读为 pF，如 510 pF。当容量大于 10^6 pF 时，读为 μF，如 0.22 μF。一般可以认为，电容器表面上的数字大于 1，表示电容器的容量单位为 pF；电容器表面上的数字小于 1 时，单位为 μF。

电容器的应用：触摸感应开关

触摸感应开关按原理分类有电阻式触摸开关和电容式触摸开关，在多种技术和科技功能上电容式触摸感应已经成为触摸感应技术的主流，在按键设计方面能有效地为产品带来整体外观档次的提升。电容式感应触摸开关可穿透 20 mm 以下的绝缘材料外壳，准确有效地侦测手指的有效触摸（图 1.21），并保证了产品的稳定性、灵敏度、可靠性等，不因环境改变或是长期使用而使功能发生变化，同时还具有防水和强抗干扰等能力。

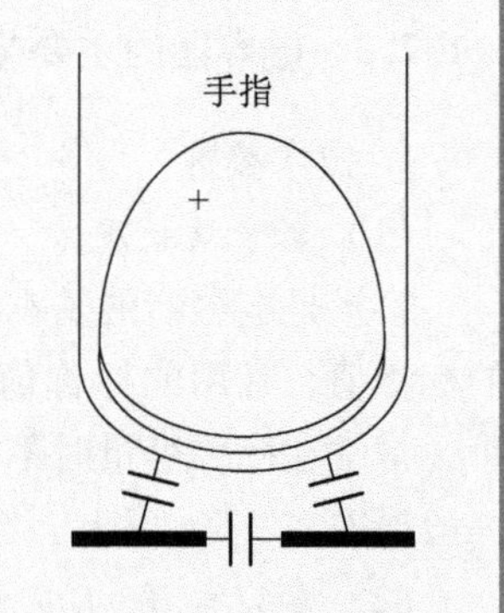

图 1.21 电容式触摸感应

1.1.3 电感器

1.1.3.1 电感器概述

电感器（inductor，通常用“L”表示，简称电感）是能够把电能转化为磁能而存储起来的元件。电感器的应用范围很广泛，具有阻交流、通直流的特点，它在调谐、振荡、耦合、匹配、滤波、陷波，延迟、补偿等电路中，都是必不可少的。由于电感器的用途、工作频率、功率、工作环境不同，对其基本参数和结构形式就有不同的要求，从而导致电感器的类型和结构多样化。电感的符号用 L 表示，单位是亨（H）、毫亨（mH）、微亨（μH）。

电感器的标示方法与电阻器的标示方法类似，通常采用文字、符号直标法和色环法。

1.1.3.2　电感器种类

电感的种类很多，分类标准也不一样。通常按电感量变化情况分为固定电感器、可变电感器、微调电感器等；按电感器线圈内介质不同分为空芯电感器、铁芯电感器、磁芯电感器、铜芯电感器等；按绕制特点分为单层电感器、多层电感器、蜂房电感器等。

常用的电感有卧式、立式两种，通常是将漆包线直接绕在棒形、工字形、王字形等磁芯上而成，也有用漆包线绕成的空芯电感。常见的部分电感器外形如图 1.22 所示。

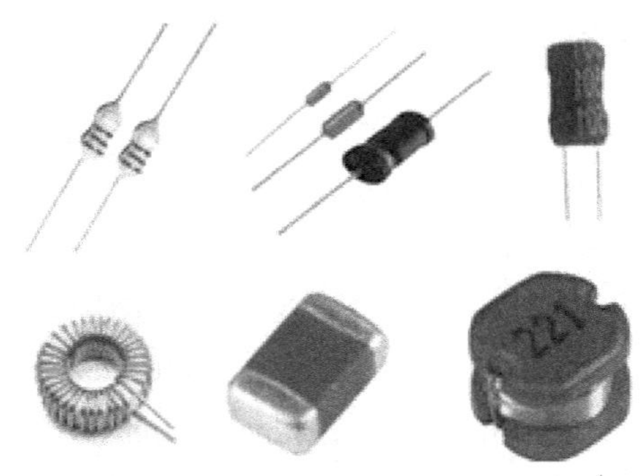

图 1.22　常见电感

1. 单层线圈

单层线圈是用绝缘导线一圈挨一圈地绕在纸筒或胶木骨架上，如晶体管收音机天线线圈。

2. 蜂房式线圈

如果所绕制的线圈平面不与旋转面平行，而是相交成一定的角度，这种线圈称为蜂房式线圈。其旋转一周，导线来回弯折的次数，常称为折点数。蜂房式绕法的优点是体积小，分布电容小，而且电感量大。蜂房式线圈都是利用蜂房绕线机来绕制的，折点越多，分布电容越小。

3. 铁氧体磁芯和铁粉芯线圈

线圈的电感量大小与有无磁芯有关。在空芯线圈中插入铁氧体磁芯，可增加电感量，提高线圈的品质因素。

4. 铜芯线圈

铜芯线圈在超短波范围应用较多，利用旋动铜芯在线圈中的位置来改变电感量，这种调整比较方便、耐用。

5. 色码电感线圈

色码电感线圈是一种高频电感线圈，它是在磁芯绕上一些漆包线后再用环氧树脂或塑料封装而成。它的工作频率为 10 KHz 至 200 MHz，电感量一般在 0.1 μH 到 3300 μH 之间。色码电感器是具有固定电感量的电感器，其电感量标示方法同电阻一样以色环来标记。

6. 阻流圈（扼流圈）

限制交流电通过的线圈称阻流圈，分高频阻流圈和低频阻流圈。

7. 偏转线圈

偏转线圈是电视机扫描电路输出级的负载，偏转线圈要求：偏转灵敏度高、磁场均匀、Q 值高、体积小、价格低。

1.1.3.3 电感器主要参数

电感器的主要参数包括电感量、品质因数、分布电容、额定电流等。

（1）电感量 L：电感量 L 表示线圈本身固有特性，与电流大小无关。

（2）品质因数 Q：品质因素 Q 是表示线圈质量的一个物理量。线圈的 Q 值愈高，回路的损耗愈小。线圈的 Q 值与导线的直流电阻、骨架的介质损耗、屏蔽罩或铁芯引起的损耗、高频趋肤效应的影响等因素有关。线圈的 Q 值通常为几十到几百。采用磁芯线圈、多股粗线圈均可提高线圈的 Q 值。

（3）分布电容：线圈的匝与匝间、线圈与屏蔽罩间、线圈与底板间存在的电容被称为分布电容。分布电容的存在使线圈的 Q 值减小，稳定性变差，因而线圈的分布电容越小越好。采用分段绕法可减少分布电容。

（4）额定电流：线圈中允许通过的最大电流。通常用字母 A、B、C、D、E 分别表示标称电流值 50 mA、150 mA、300 mA、700 mA、1600 mA。

1.1.4 半导体器件

1.1.4.1 半导体材料

众所周知，在自然界中，根据材料的导电能力，可以划分为导体、绝缘体和半导体。半导体的导电能力介于导体和绝缘体之间。常见的半导体材料有硅（Si）、锗（Ge）或砷化镓（GaAs），纯净的半导体材料被称为本征半导体。半导体材料可以用来制作二极管、三极管、场效应管、传感器、放大器等分立器件，也可以用于大规模集成电路的制造。

本征半导体和杂质半导体

本征半导体（intrinsic semiconductor）即完全不含杂质且无晶格缺陷的纯净半导体。但实际半导体不能绝对的纯净，此类半导体称为杂质半导体。

半导体的概念非常简单、直观，然而在电子设计领域，半导体绝对是一个重量级的“角色”，正是半导体这种材料的特性，成为电子系统运行的机理所在，支撑着几乎整个电子工业的发展。可以说，没有半导体，就没有现代电子工业。因而围绕半导体的理论被研究得非常深入，要全面理解半导体的特性，需要大量的知识基础。

摩尔定律

摩尔定律是由英特尔（Intel）创始人之一戈登·摩尔（Gordon Moore）提出来的。其内容为：当价格不变时，集成电路上可容纳的元器件的数目，约每隔 18 ~ 24 个月便会增加一倍，性能也将提升一倍。换言之，每一美元所能买到的电脑性能，将每隔 18 ~ 24 个月翻一倍以上。这一定律揭示了信息技术进步的速度（图 1.23）。

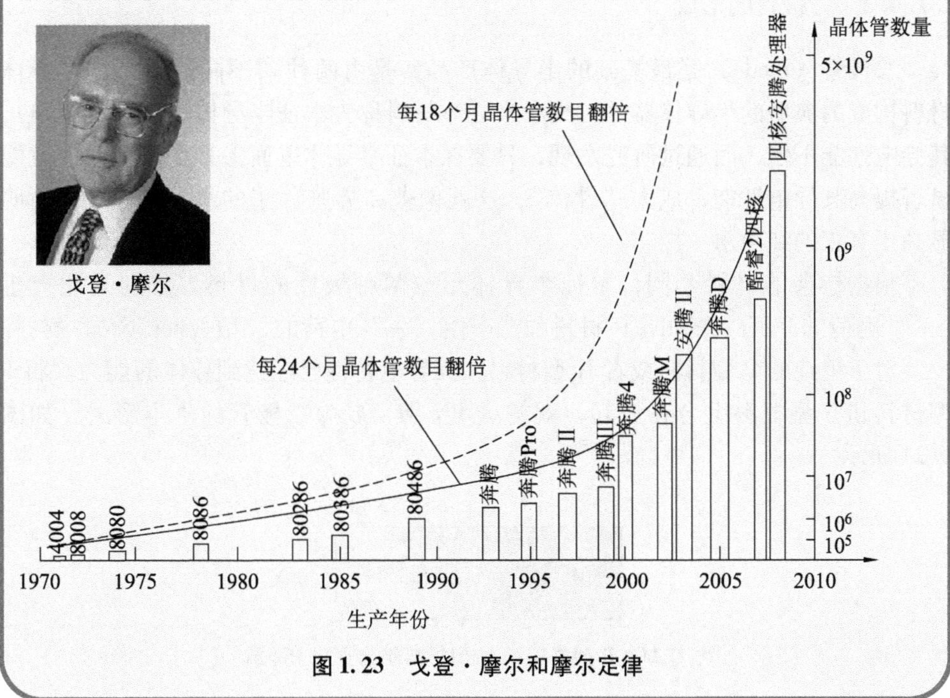

图 1.23　戈登·摩尔和摩尔定律

尽管这种趋势已经持续了超过半个世纪，摩尔定律仍应该被认为是观测或推测，而不是一个物理或自然法则。预计定律将持续到至少 2015 年或 2020 年。然而，2010 年国际半导体技术发展路线图显示更新增长已经放缓，在 2013 年底之后的时间里，晶体管数量密度预计只会每三年翻一番。

“集成电路的基础材料是半导体，其工作机制是默默隐藏于它背后、鲜有人知的物理原理。换言之，是基于量子理论而建立起来的固体物理理论，赋予了集成电路技术那种‘体积不断缩小、速度不断加快’的超级能力。电子技术几十年来的突飞猛进是根源于物理学中量子理论的成功。而如今，怎样才能挽救摩尔定律呢？可以用上中国人的一句老话：解铃还须系铃人。还是得回到基本物理的层面上，才有可能克服摩尔定律的瓶颈问题。”

——张天蓉《电子，电子！谁来拯救摩尔定律》

从应用角度上说，人们不需要了解收音机的全部原理也能很好地使用它，所以在很多情况下，只要了解一些相关的基础知识，就能避开晦涩难懂的理论而直接应用半导体器件，这是完全可行的。

1.1.4.2 二极管的形成

二极管（diode）是最基础的半导体产品，是由两种“不同性质”的半导体材料构成的典型的半导体器件。纯净半导体材料称为本征半导体，比如硅（Si），其导电性能不强，而通过研究发现，只要在本征半导体里面掺杂少量杂质，就能显著提高其导电性能，成为“导体”，这就像被“弄脏”了的水，其导电能力明显高于真正的纯净水一样。

根据掺杂的材料不同，本征半导体形成两种极性的材料，分别是能产生“+”电荷的 P 型（positive）材料和能产生“-”电荷的 N 型（negative）材料。

对于单纯的 P 型材料或者 N 型材料，其导电特性已经达到导体的能力。将 P 型材料和 N 型材料组合在一起，就构成 PN 结，成为二极管的基本形式，如图 1.24 所示。

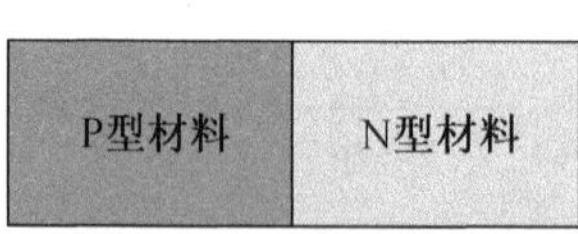

图 1.24 P 型材料和 N 型材料组合形成 PN 结

PN 结具有单向导电性，即一般情况下，电流方向只能从 P 区流向 N 区。也就是说，当 P 区为高电势时，N 区为低电势时，PN 结导通；而当 P 区为低电势时，N 区为高电势时，则 PN 结截止，表现出绝缘状态。

二极管就是一个封装了 PN 结的半导体器件，如图 1.25 所示，其中连接 P 区的一端称为阳极（Anode）用 A 表示，而连接 N 区的一端称为阴极（Cathode），用 K 表示，注意不是 C！因而二极管实际上就是一个封装好的 PN 结，其首要的特性是单向导电性（正向导电、反向截止）。

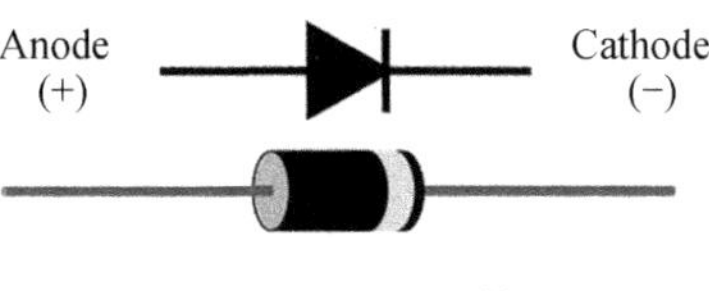

图 1.25　二极管

二极管特性纪要

在电子电路中，将二极管的正极（P 区）接在高电位端、负极（N 区）接在低电位端，二极管就会导通，这种连接方式称为正向偏置。将二极管的正极（P 区）接在低电位端、负极（N 区）接在高电位端，此时二极管中几乎没有电流流过，二极管处于截止状态，这种连接方式称为反向偏置。

必须进一步说明，当加在二极管两端的正向电压很小时，二极管仍然不能导通，流过二极管的正向电流十分微弱。只有当正向电压达到某一数值（这一数值称为“门槛电压”，锗管约为 0.2 V，硅管约为 0.6 V）以后，二极管才能直正导通。导通后二极管两端的电压基本上保持不变（锗管约为 0.3 V，硅管约为 0.7 V），称为二极管的“正向压降”。

1.1.4.3　认识常用二极管

二极管有多种类型：按材料分，有锗二极管、硅二极管、砷化镓二极管等；按制作工艺可分为面接触二极管和点接触二极管；按用途不同又可分为整流二极管、检波二极管、稳压二极管、变容二极管、光电二极管、发光二极管、开关二极管、快速恢复二极管等；接结构类型来分，又可分为半导体结型二极管，金属半导体接触二极管等；按照封装形式则可分为常规封装二极管、特殊封装二极管等。

1. 整流二极管

整流二极管的作用是将交流电源整流成脉动直流电，它是利用二极管的单向导电特性工作的。常用的整流二极管型号有 1N4001、1N4007（图 1.26）。

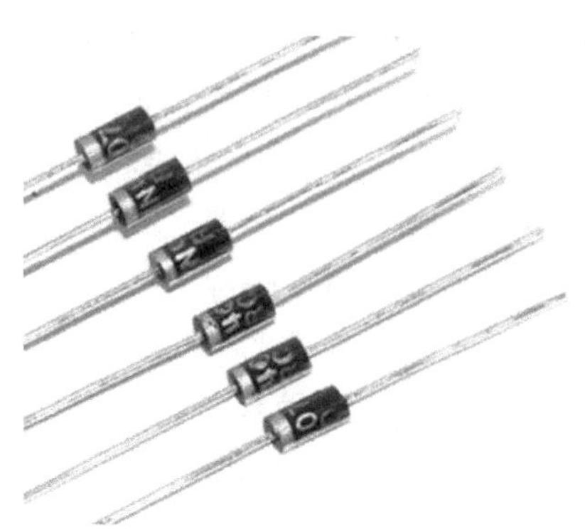

图 1.26　1N4007 整流二极管

2. 检波二极管

检波二极管是把叠加在高频载波中的低频信号检出来的器件，具有较高的检波效率和良好的频率特性。检波二极管要求正向压降小，检波效率高，结电容小，频率特性好，其外形一般采用 EA 玻璃封装结构。一般检波二极管采用锗材料点接触型结构。

3. 开关二极管

由于半导体二极管存在正向偏置下导通电阻很小，而在施加反向偏压时，截止电阻很大，开关电路中利用半导体二极管的这种单向导电特性就可以对电流起接通和关断的作用，故把用于这一目的的半导体二极管称为开关二极管。开关二极管主要应用于收录机、电视机、影碟机等家用电器及电子设备，有开关电路、检波电路、高频脉冲整流电路等。

4. 稳压二极管

稳压二极管又名齐纳二极管（图 1.27）。稳压二极管是利用 PN 结反向击穿时电压基本上不随电流变化而变化的特点来达到稳压的目的，因为它能在电路中起稳压作用，故称为稳压二极管（简称稳压管）。稳压二极管是根据击穿电压来分挡的，其稳压值就是击穿电压值。稳压二极管主要作为稳压器或电压基准元件使用，稳压二极管可以串联起来得到较高的稳压值。

图 1.27　稳压二极管

5. 快速恢复二极管

快速恢复二极管（fast recovery diode，FRD）是一种新型的半导体二极管。这种二极管的开关特性好，反相恢复时间短，通常用于高频开关电源中作为整流二极管，常用型号如 FR107（图 1.28）。

6. 肖特基二极管

肖特基二极管是肖特基势垒二极管（sehottky barrier diode，SBD）的简称，肖特基二极管是用贵重金属（金、银、铝、铂等）为正极，以 N 型半导体为负极，利用二者接触面上形成的势垒具有整流特性而制成的金属半导体器件。肖特基二极管通常用在高频、大电流、低电压整流电路中，常用的型号有 1N5819、1N5822、SS14（图 1.29）。

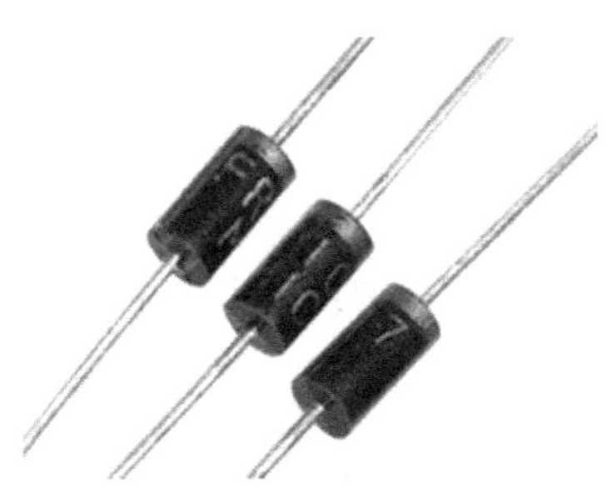

图 1.28　快速恢复二极管 FR107

图 1.29　肖特基二极管

7. 发光二极管

发光二极管的英文简称是 LED（图 1.30），它是采用磷化镓、磷砷化镓等半导体材料制成的、可以将电能直接转换为光能的器件。发光二极管除了具有普通二极管的单向导电特性之外，还可以将电能转换为光能。给发光二极管外加正向电压时，它也处于导通状态，当正向电流流过管芯时，发光二极管就会发光，将电能转换成光能。

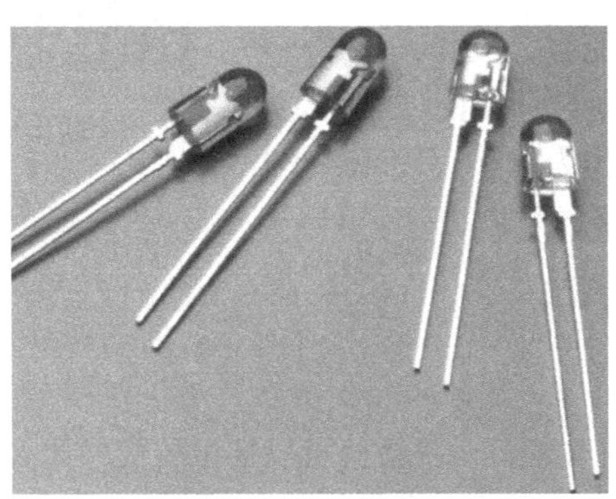

图 1.30　发光二极管

发光二极管的发光颜色主要由制作管子的材料以及掺入杂质的种类决定。目前常见的发光二极管发光颜色主要有蓝色、绿色、黄色、红色、橙色、白色等。

其中白色发光二极管是新型产品，主要应用在手机背光灯、液晶显示器背光灯、照明等领域。

发光二极管的工作电流通常为 2 ~ 25 mA。工作电压（即正向压降）随着材料的不同而不同：普通绿色、黄色、红色、橙色发光二极管的工作电压约 2 V；白色发光二极管的工作电压通常高于 2.4 V；蓝色发光二极管的工作电压通常高于 3.3 V。发光二极管的工作电流不能超过额定值太高，否则有烧毁的危险。故通常在发光二极管回路中串联一个电阻 R 作为限流电阻。

红外发光二极管是一种特殊的发光二极管，其外形和发光二极管相似，只是发出的是红外光，在正常情况下人眼是看不见的。其工作电压约 1.4 V，工作电流一般小于 20 mA。

有时会将两个不同颜色的发光二极管封装在一起，使之成为双色二极管（又名变色发光二极管）。这种发光二极管通常有三个引脚，其中一个是公共端。它可以发出三种颜色的光（其中一种是两种颜色的混和色），故通常作为不同工作状态的指示器件。

8. 变容二极管

变容二极管（variable—cacitance diode，VCD）是利用反向偏压来改变 PN 结电容量的特殊半导体器件（图 1.31）。变容二极管相当于一个容量可变的电容器，它的两个电极之间的 PN 结电容大小随加到变容二极管两端反向电压大小的改变而变化。当加到变容二极管两端的反向电压增大时，变容二极管的容量减小。由于变容二极管具有这一特性，所以它主要用于电调谐回路（如彩色电视机的高频头）中，作为一个可以通过电压控制的自动微调电容器。

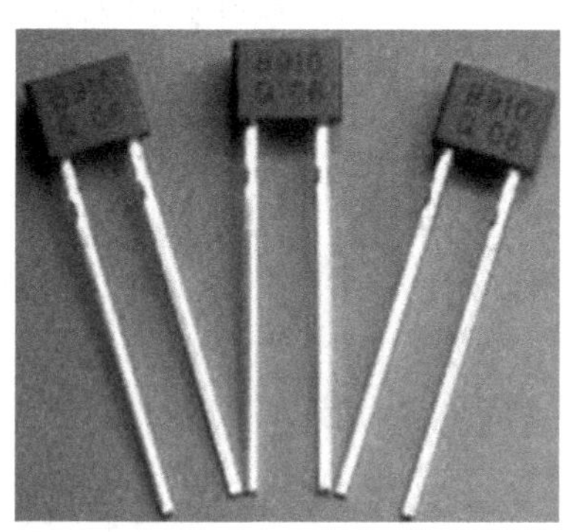

图 1.31　变容二极管

1.1.4.4　认识三极管

半导体三极管（bipolar junction transistor）也称双极型晶体管、晶体三极管，是一种电流控制型半导体器件。三极管可以把微弱信号放大，也可用作无触点开关。图 1.32 是常见的三极管型号和封装。

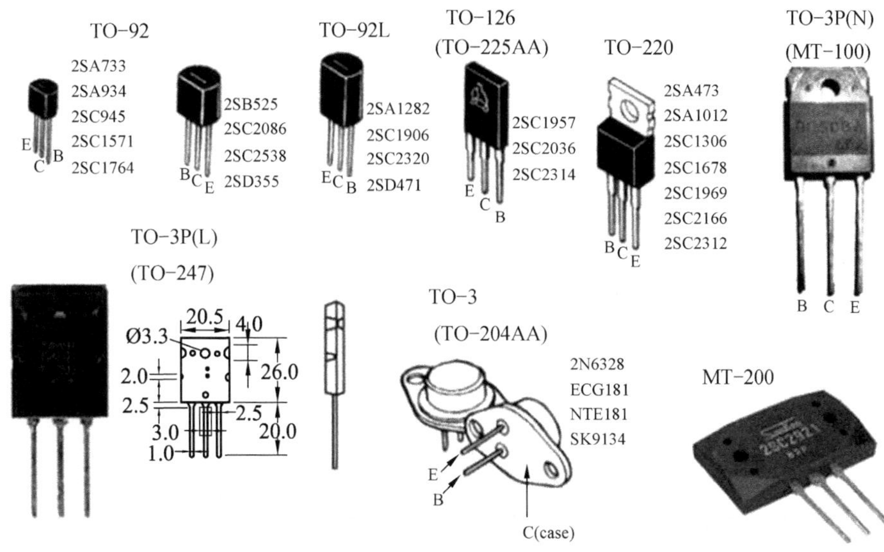

图 1.32　常见的三极管

三极管的诞生

1947 年 12 月 23 日美国新泽西州墨累山的贝尔实验室里，3 位科学家——巴丁博士、布莱顿博士和肖克莱博士发现了三极管（图 1.33），这 3 位科学家因此共同荣获了 1956 年诺贝尔物理学奖。晶体管的发现带来了“固态革命”，进而推动了全球范围内的半导体电子工业发展。作为主要部件，它及时、普遍地率先在通信工具方面得到应用，并产生了巨大的经济效益。由于晶体管彻底改变了电子线路的结构，集成电路以及大规模集成电路应运而生，这样，制造像高速电子计算机之类的高精密装置就变成了现实。

图 1.33　发明三极管的三个科学家

如图 1. 34，从结构上看，三极管并不复杂，也是由 P 型材料和 N 型材料所构成的。一般是由两个 N 区和 1 个 P 区构成 NPN 型三极管，或者两个 P 区和 1 个 N 区构成 PNP 型三极管。由此可见，三极管形成三个区：基区、发射区和集电区，三个区分别引出三个电极：基极（base）、发射极（emitter）和集电极(collector)。基极和集电极之间的 PN 结称为集电结，基极和发射极之间的 PN 结称为发射结。

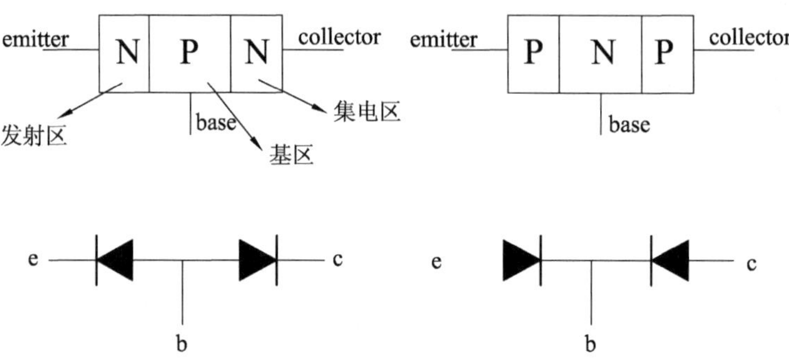

图 1. 34　三极管内部模型示意图

NPN 型三极管结构和电气符号如图 1. 35 所示。

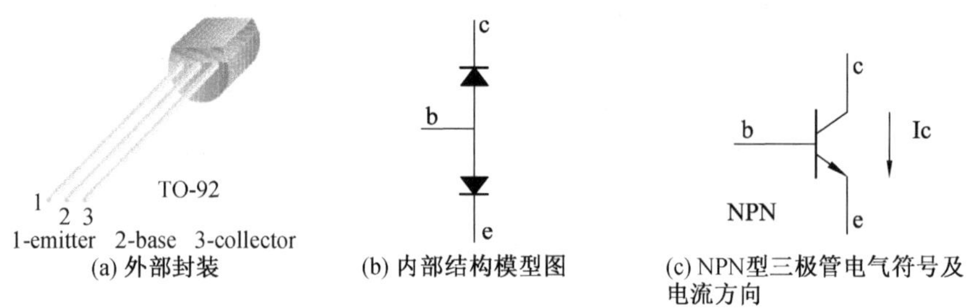

(a) 外部封装　(b) 内部结构模型图　(c) NPN型三极管电气符号及电流方向

图 1. 35　NPN 型三极管结构和电气符号

三极管≠二极管+二极管

三极管是一种电流控制型器件，基极的小电流控制着集电极和发射极的大电流（图 1. 36）。这种控制方式，需要更深入地了解三极管机理才能理解，对于初学者，只需要记住简单的结论。

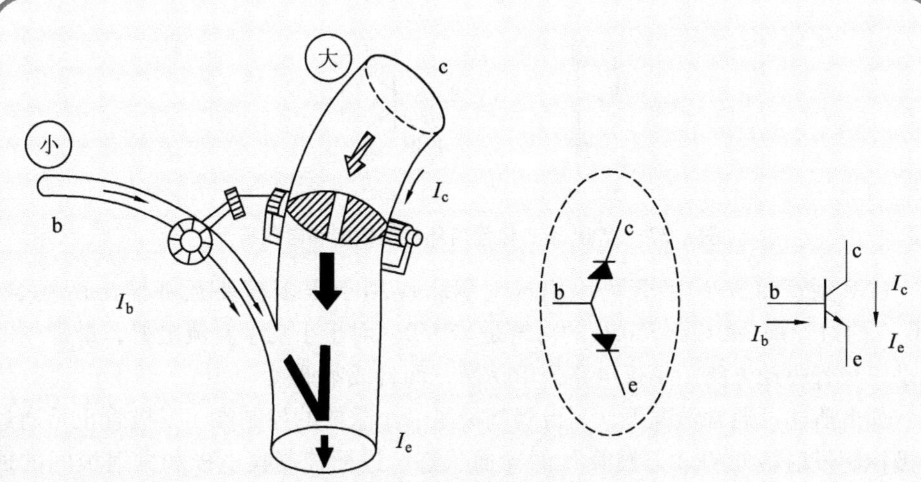

图 1.36　三极管工作原理示意图

在内部结构上，三极管更像是两个背靠背或头顶头的二极管。如前所述，基极一般作为控制端，控制着集电极 c 和发射极 e 之间的电流通路，而基极电流由发射结（be）形成。因而，只要发射结上的二极管（be）处于截止状态（施加反向偏置电压或正向偏置电压小于门槛电压），那么整个三极管就被关断了。反之，若发射结上的二极管（be）处于正向导通状态（施加正向偏置电压），那么 c、e 之间，就能形成通路。

这样，对于三极管的控制原理就变得简单起来，只需要像控制二极管那样控制发射结就行了。

值得注意的是，对于 NPN 型三极管，形成的电流通路只能是从集电极 c 流向发射极 e，而 PNP 型三极管是从发射极 e 流向集电极 c。若进一步研究，会发现另一个重要的现象，当三极管被开启时，集电区的 PN 结（bc）居然处于反向偏置状态——“反向导通”！这正是三极管工作时的一个重要特征。

PNP 型三极管内部结构模型和电气符号如图 1.37 所示。NPN 型三极管有 S9013 和 S8050。NPN 型三极管电气符号中的箭头可以理解为三极管的“内部二极管”极性。在正常工作时，这类三极管电流受基极控制，其电流（I_c）是从集电极流向发射极。

另一类 PNP 型三极管，常用的型号是 S9012 和 S8550。同样的，正常工作时只有发射结的二极管符合正向导电特性，而集电极的二极管处于“反向”状态。PNP 型管的电流（I_c）是从发射极流向集电极。

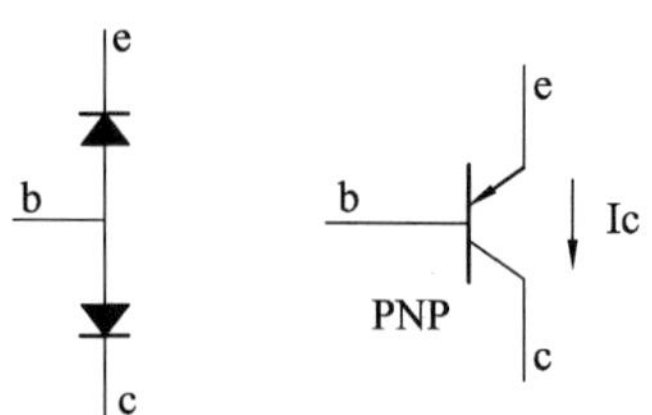

图 1.37 PNP 型三极管内部结构模型和电气符号

PNP 型管和 NPN 型管可以组成对管，应用于很多需要互补输出的场合。S9013 的对管是 S9012，S8050 的对管是 S8550。对于小功率直流电机，最常用的就是三极管驱动电路。不仅电路简单易懂，而且成本低廉。

如上所述，通常情况下，三极管基极是一个重要的控制端。三极管正是通过基极控制发射结处的“二极管”的导通状态，进而控制集电极和发射极间的通断。只要三极管发射结间导通，那么集电极 c 和发射极 e 之间就能建立电路通路。这也是三极管作为非接触式电子开关的基本工作方式。

三极管的主要参数包括电流放大系数 β、集电极最大允许电流 I_{cm}、集电极最大允许功耗 P_{cm}、反向击穿电压 U_{br}（CEO）等，在实际应用中，I_{cm}和 P_{cm}需要根据实际的应用作出选择。

1.2 常用材料和工具

课程设计中用到的材料和工具包括但不限于剪刀、镊子、斜口钳、焊接工具、万用板等。

1.2.1 万用板

用面包板搭电路是验证电路原理的非常好的方式，当需要把验证的电路固定下来的时候，就要用到万用板或者 PCB 印制电路板。万用板是手工设计和焊接固化电路的方式，而印制电路板则是利用软件进行电路板设计，并进行加工的成品电路，图 1.38 为万用板及相应元件的装配和焊接。

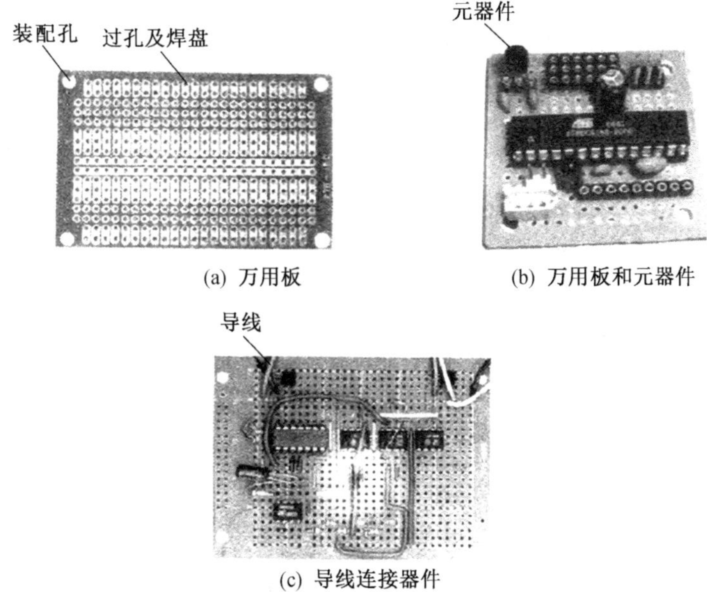

(a) 万用板
(b) 万用板和元器件
(c) 导线连接器件

图 1. 38　万用板及相应元件的装配和焊接

万用板上的元器件与导线都是通过焊接固定的，比面包板牢固一些，但是如果要更换元器件或修改导线连接就不像面包板那么方便了，所以可视电路的制作需要选择使用万用板或面包板。一般来说，如果只是暂时连接电路验证设计的正确性或对电路参数进行调试，使用面包板会方便一些；如果电路没有什么缺陷，就可以利用万用板焊接电路以便在样机测试中使用。

在万用板上装配和焊接元器件，需要注意几个方面。

1. 合理布局

元器件摆放要注意空间疏密，排放太紧不易焊接修改，排布太疏则浪费空间。元器件要按照模块关系进行排布，接口电源放置在外，功能器件摆放在内，可以利用铅笔在电路板表面作适当的规划。如图 1. 39 所示的布局比较整齐合理。

图 1. 39　电路板布局

2. 规范安放元件

在万用板上固定、焊接元器件时，直插式的元器件，比如电阻器，一般“躺着”安放，如图1.40（a）所示，在空间受限的时候，也可以“站着”安放，如图1.40（b）所示。

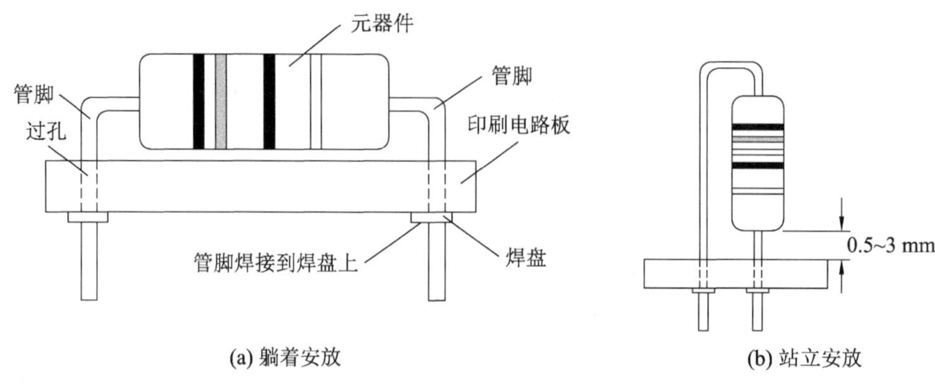

(a) 躺着安放　　(b) 站立安放

图1.40　元件的安放

图1.41是元器件局部布局和安放的对比效果，需注意借鉴好的布局方法。

(a) 布局和器件安放合理美观

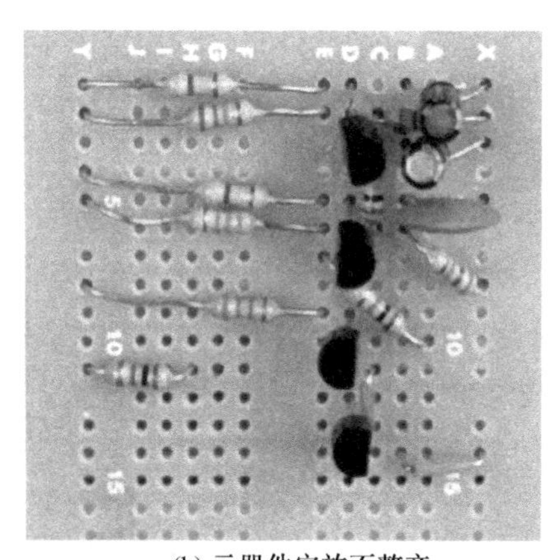

(b) 元器件安放不整齐

图1.41　注意布局和元器件安放美观

3. 正确焊接

元器件固定的焊接看似简单，却是电路板制作中非常关键的一步，焊接质量的好坏直接影响电路的稳定性，很多时候因为虚焊、焊接线短路等原因造成电路故障。

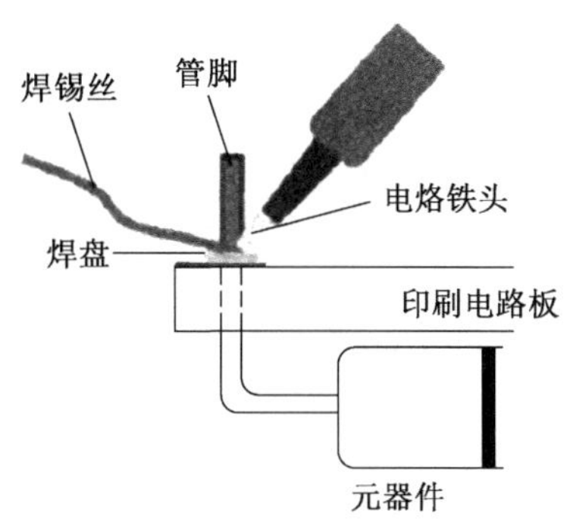

图 1.42　焊接时加热和送锡示意图

元器件固定焊接时，如图 1.42 所示，从个头较小的电阻、电容等元器件开始，把元器件从没有焊盘的一侧插入印刷电路板的过孔，并从另一侧伸出。左手拇指和食指捏着焊锡丝，右手拿电烙铁先用电烙铁头部轻轻蹭一点焊锡，接着把电烙铁头贴到管脚和焊盘之间，再把焊锡丝推到焊盘上，将焊锡丝熔化在管脚和焊盘之间，当形成一个较为圆滑、饱满的锡点（如图 1.43）后，立即把焊锡丝拿走。

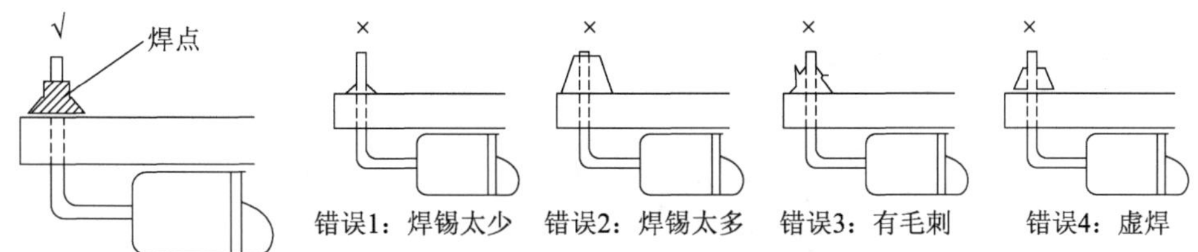

图 1.43　焊点的问题

1.2.2　印制电路板（PCB）

万用板一般作为样机进行调试。当需要把万用板上的电路固定成一个专门的产品或者设计时，就要使用印制电路板（图 1.44）。印制电路板（printed circuit board，PCB）在绝缘的基板上加以金属导体作配线，印刷出线路图案。PCB 是通过电路软件进行绘制加工而成的，元器件安装和焊接时，可以有效降低电路板的装配强度，提高电路调试和生产的效率。印制电路板基材普遍是以基板的绝缘部分作分类，常见的原料有电木板、玻璃纤维板，以及各式的塑胶板。

印刷电路板加工出来后，就到了元器件焊装的时候。从电子市场或网上购买回来的各种元器件，首先使用万用表对其质量进行检测，以确保电路制作的成功率；然后按照先小后大的原则，把元器件逐一焊装到印刷电路板上。

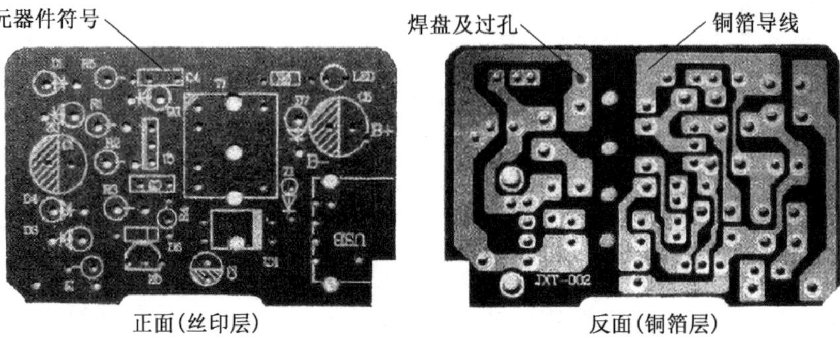

图 1.44　印制电路板

焊装元器件只有两个步骤：插元器件入过孔、焊接元器件管脚与焊盘。图 1.45 是装配好的某款 PCB 板样例。

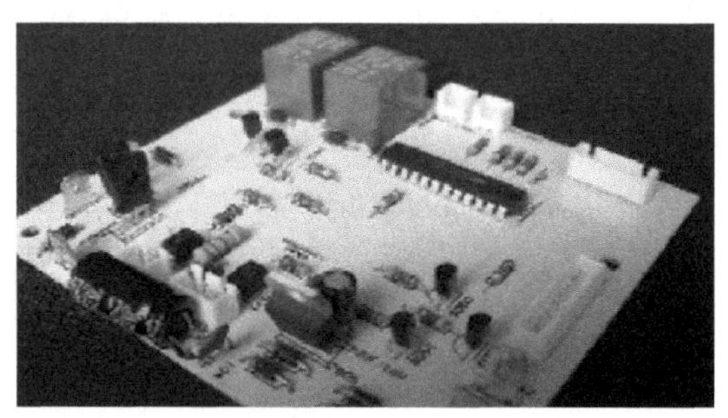

图 1.45　装配好的 PCB 板样例

1.2.3　焊接材料和工具

焊接材料包括烙铁焊台、烙铁支架、焊锡丝、焊接导线、万能板等，如图 1.46 所示。焊接是通过加热的烙铁将固态焊锡丝加热熔化，再借助于助焊剂的作用，使其流入被焊金属之间，待冷却后形成牢固可靠的焊接点。

焊接要注意正确的加热方法，合理使用助焊剂，焊点要饱满，不虚焊，不多锡。一般的加热温度为 300 ~ 350 ℃。长时间不使用烙铁，应及时关闭电源，或者把温度调至 200 ℃左右保持预热。电烙铁通电后温度较高，需要放置在专门的电烙铁架上。

焊锡丝是一种导体，是焊接的主要耗材，电烙铁对焊锡丝加热至熔化，当焊锡丝凝固后就会把元器件管脚与焊盘之间焊接起来，在固定的同时实现电气连接。因为焊锡丝中间已经混合有松香（助焊），所以使用起来非常方便。根据不同的焊接要求可以选择焊锡丝的粗细，有 0.5 mm、0.8 mm、1 mm 甚至更大的直径。

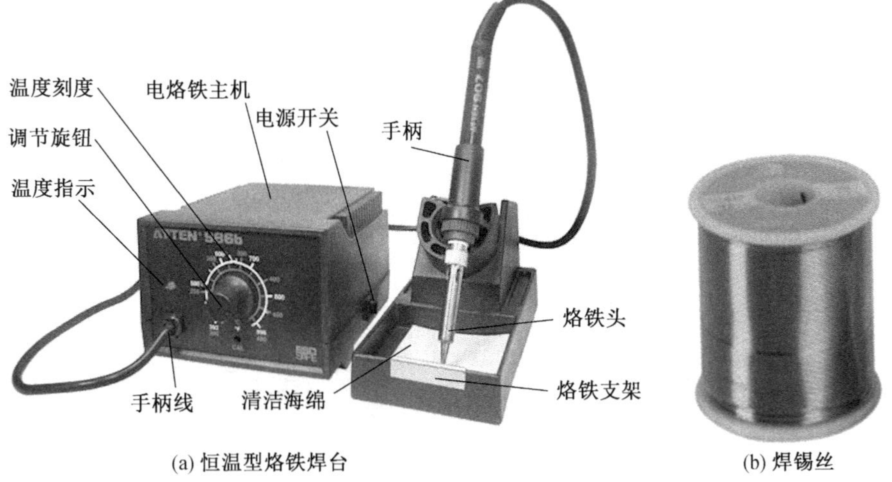

(a) 恒温型烙铁焊台　　(b) 焊锡丝

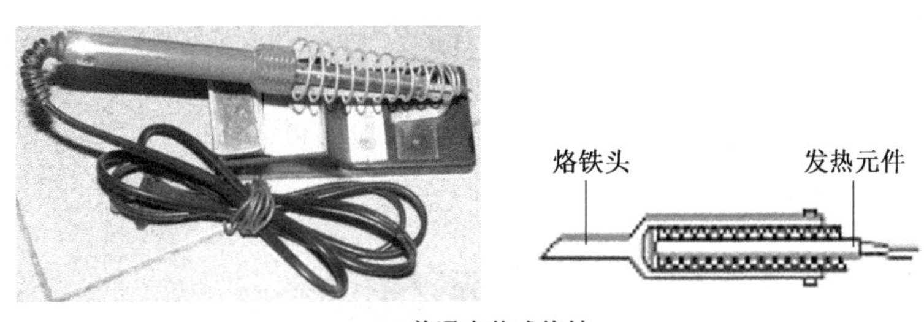

(c) 普通内热式烙铁

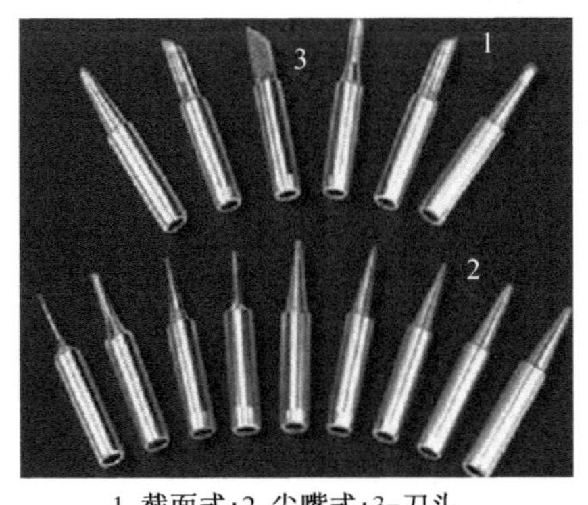

1-截面式;2-尖嘴式;3-刀头
(d) 烙铁头

(e) 清洗海绵

图 1.46　焊接工具和材料

图 1.46（d）所示烙铁头可以控制加热的面积和热量，当焊盘较大时，用较大的截面式烙铁头；当焊盘较小时，用尖嘴式烙铁头；刀形烙铁头焊接多脚 IC 芯片比较方便。

在电烙铁架的底座上还有一块专门用于擦拭电烙铁头的清洗海绵，如图 1.46（e）所示。在焊接过程中，电烙铁头常常会因氧化等原因产生“锅巴”而无法上锡继续焊接，这时用浸过水的清洗海绵轻轻擦拭电烙铁头即可。

焊接线可以使用专门用于飞线的 OK 线，单股单芯，线芯直径 0.25 mm。焊接时也可以利用多余的引脚长度进行连接，但是因为引脚都是裸露的，所以要注意不能短路。还有利用灰排线进行焊接的，如图 1.47 所示。

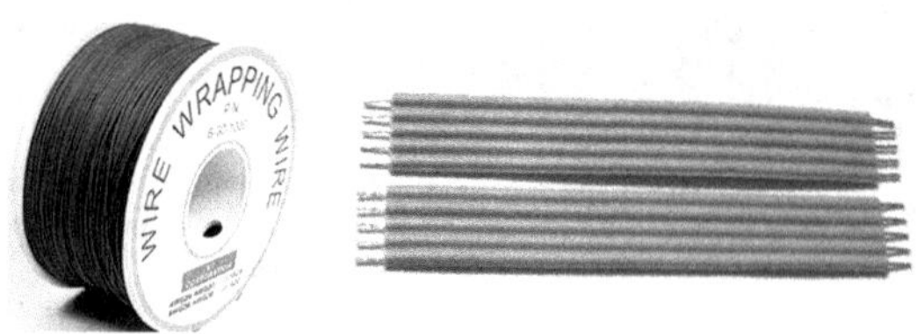

图 1.47　焊接导线

吸锡器（图 1.48）是一个小型的手动空气泵，压下吸锡器，就排出了吸锡器内的空气；当释放吸锡器的锁钮时，弹簧推动压杆迅速回到原位，在吸锡器腔内形成负压力，就能够把熔化的焊锡吸走。

图 1.48　吸锡器

对于过长的引脚需要修剪，要使用修剪工具等（图 1.49），一般使用斜口钳截断元器件管脚或剪去导线，也可用来代替剥线钳去掉导线外的绝缘皮。

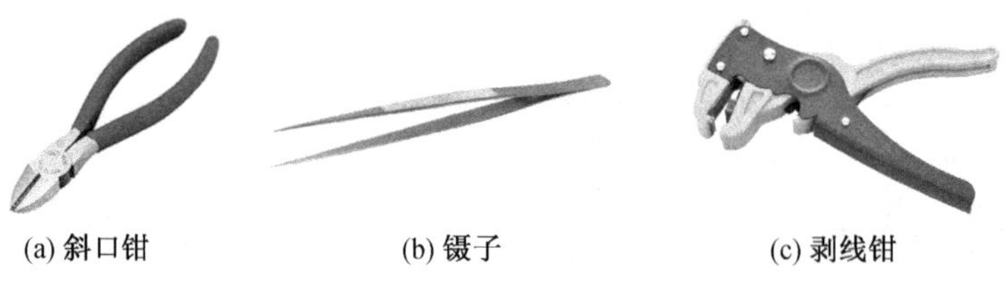

(a) 斜口钳　　(b) 镊子　　(c) 剥线钳

图 1.49　修剪和操作工具

1.3　数字万用表

1.3.1　了解数字万用表

万用表又称复用表、多用表、三用表等，是电力电子部门不可缺少的测量仪表，主要用于测量电压、电流、电阻、电容、二极管等参数，也能测量电器件连接的通断状态。万用表可以说是电子工程师的必备“武器”。万用表按显示方式分为指针式万用表和数字万用表（图 1.50），在十多年前，普通的指针式万用表比较流行，现在大家更喜欢用数字万用表。数字万用表具有数字显示功能，读数非常直观。

(a) 指针式万用表

(b) 用数字万用表进行测量

图 1.50　用万用表进行测量

1.3.2　认识数字万用表的挡位和测量

数字万用表有多个挡位，如图 1.51 所示，可以进行电压测量、电流测量、晶体管测量、电阻和电容测量，有些万用表还可以外接热电偶测量温度。这些功能可以从数字万用表的面板上看到。

数字万用表面板上的主要功能：

（1）液晶显示器：显示位数为 4 位，最大显示数为 ±1999，若超过此数值，则显示 1 或 -1。

（2）量程开关：用来转换测量种类和量程。

（3）电源开关：开关拨至“ON”时，表内电源接通，可以正常工作；开关拨至“OFF”时，则关闭电源。

（4）输入插座：黑表笔始终插在“COM”孔内。红表笔可以根据测量种类和测量范围分别插入 VΩ、mA、20A 插孔中。

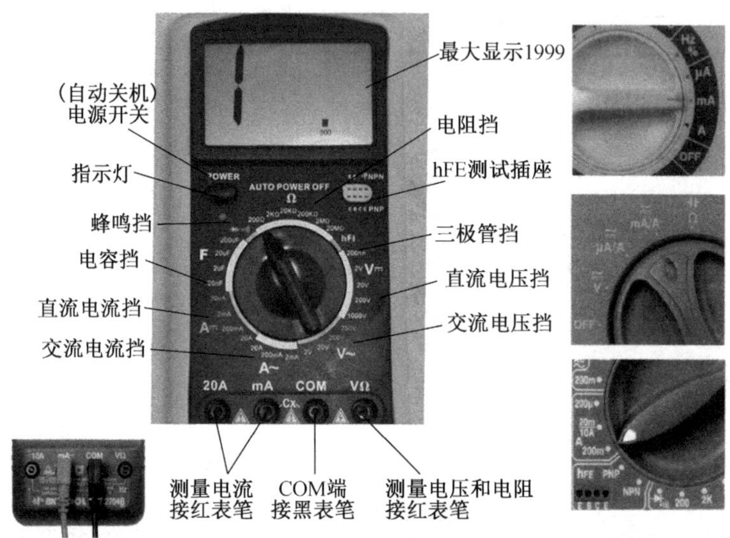

图 1.51 万用表的挡位

1. 直流电压的测量

直流电压如电池、随身听电源等，测量时首先将黑表笔插进“COM”孔，红表笔插进“VΩ”孔。把挡位旋钮旋到比估计值大的量程（注意：表盘上的数值均为最大量程，“V－”表示直流电压挡，“V～”表示交流电压挡，“A”表示电流挡），接着把表笔接电源或电池两端如图 1.52（a）所示，保持接触稳定。

测量数值可以直接从显示屏上读取，若显示数字为“1.”，表明量程太小，那么就要加大量程后再测量。如果在数值左边出现“－”，则表明表笔极性与实际电源极性相反，此时红表笔接的是负极。

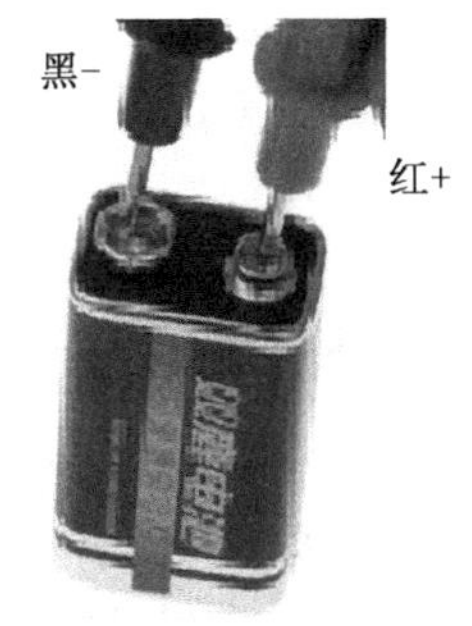

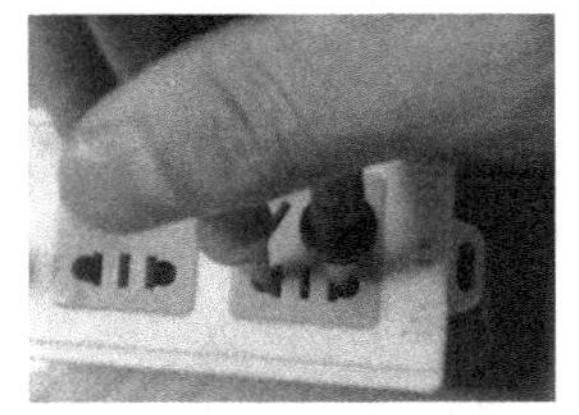

(a) 电池电压测量用“V－”挡　　(b) 市电电压测量用“V~”挡

图1.52　电压测量

2．交流电压的测量

交流电压测量中表笔插孔方式与直流电压的测量一样，不过应该将旋钮打到交流挡“V～”处，并选择所需的量程。交流电压无正负之分，测量方法跟前面相同。无论测交流电压还是直流电压，都要注意安全，不要随便用手触摸表笔的金属部分，以免对电路或人身造成损害。图1.52（b）为正在测量插座的交流电压。

3．直流电流的测量

先将黑表笔插入“COM”孔。若测量大于200 mA的电流，要将红表笔插入“20A”插孔并将旋钮打到直流“20A”挡；若测量小于200 mA的电流，则将红表笔插入“200 mA”插孔，将旋钮打到直流200 mA以内的合适量程。调整好后，就可以测量了。将万用表串进电路中，保持稳定，即可读数。若显示为“1.”，那么就要加大量程；如果在数值左边出现“－”，则表明电流从黑表笔流进万用表。

4．交流电流的测量

挡位应该打到交流电流挡位，测量方法与3相同。

5．电阻的测量

将表笔插进“COM”和“VΩ”孔中，把旋钮打到“Ω”中所需的量程，用表笔接在电阻两端金属部位，测量中可以用手接触电阻，但不要用手同时接触电阻两端，这样会影响测量精确度。读数时，要保持表笔和电阻有良好的接触。注意单位：在“200”挡时单位是“Ω”，在“2k”到“200k”挡时单位为“kΩ”，“2M”以上的单位是“MΩ”。

6．二极管的测量

数字万用表可以测量发光二极管、整流二极管等。测量时，表笔位置与电压测量一样，将旋钮旋到二极管挡。用红表笔接二极管的正极，黑表笔接负极，这时会显示二极管的导通压降。肖特基二极管的压降是0.2 V左右，普通硅整流管约为0.6 V，发光二极管约为1.8～2.3 V。调换表笔，显示屏显示“1.”则为正常，因为二极管的反向电阻很大。

二极管挡和通断挡的区别

二极管挡主要是测量二极管的正向压降，而通断挡主要是测量线路的通断，有的万用表把通断挡和二极管挡做在了一起，有的万用表却把这两个挡位分开做。二极管挡内部自身产生一个2.8 V左右的一个电压源，加到“VΩ”孔和“COM”孔，当红黑表笔接到被测二极管两端时主要测量二极管的正反向导通压降。而通断挡主要是靠运算放大器控制蜂鸣器发声来实现判断的，如果被测回路阻值低于某个数值则蜂鸣器报警表示被测回路处在导通状态（大约是60 Ω，每个万用表有差异）。

1.4 函数信号发生器

函数信号发生器用于产生标准信号源，要学会使用信号发生器产生正弦波、方波、三角波等基本信号的方法。

图1.53是VD1641型函数信号发生器。仪器面板有波形选择按钮、频率挡位选择按钮、频率调节旋钮、幅度调节旋钮等。幅度调节旋钮旁边还有幅度衰减开关，当需要较小信号幅度时，可以打开衰减开关。信号发生器左下按键是电源按键，右下是信号输出端子（BNC接口）。表1.6是该信号发生器的性能指标列表。

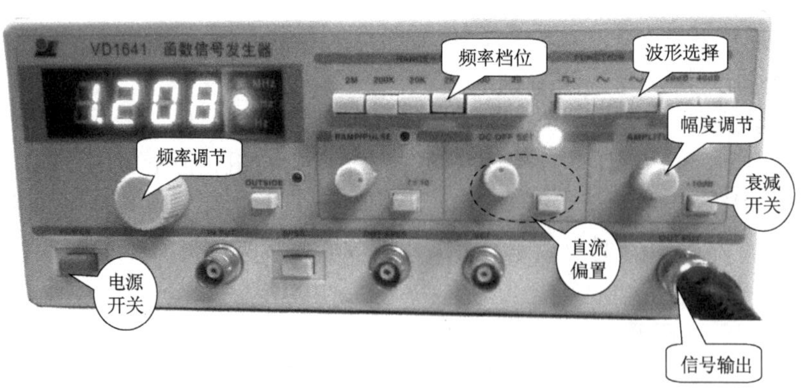

图1.53 VD1641型函数信号发生器

表 1.6　VD1641 型函数信号发生器的性能指标

名称	数据	名称	数据
波形	正弦波、方波、三角波、脉冲波、锯齿波等	占空比	10% ~90% 连续可调
频率	0.2 Hz ~2 MHz	输出阻抗	50 Ω ±10%
显示	4 位数字显示	正弦失真	≤2% （20 Hz ~20 kHz）
频率误差	±1%	方波上升时间	≤5 μS
幅度	1 mV ~25V_{P-P}	TTL 方波输出	≥3.5V_{P-P} 上升时间≤25 μS
功率	≥3W_{P-P}	外电压控制扫频	输入电平 0 ~10 V
衰减器	0 dB、-20 dB、-40 dB、-60 dB	输出频率	1∶100
直流电平	-10 V~ +10 V		

函数信号发生器的使用

1. 将仪器接入交流电源，按下电源开关。

2. 按下所需波形的功能开关。

3. 当需要脉冲波和锯齿波时，拉出并转动“RAMP/PULSE”开关，调节占空比，此时频率为“指示值÷10”，其他状态时关掉。

4. 当需小信号输入时，按下衰减开关。

5. 调节幅度至需要的输出幅度。

6. 调节直流电平偏移至需要设置的电平值，其他状态时关掉，直流电平将为零。

7. 当需要 TTL 信号时，从脉冲输出端输出，此电平将不随功能开关改变。

函数信号发生器使用时的注意事项：

1. 把仪器接入交流电源之前，应检查交流电源是否和仪器所用电源电压相适应。

2. 仪器需预热 10 min 后方可使用。

3. 不能将大于 10 V（DC + AC）的电压加至输出端、脉冲端和 VCF 端。

1.5 电子示波器

电子示波器的作用是把人眼无法观测的电信号直观地显示出来。示波器能显示电信号随时间的变化情况，可以直接观测信号波形、幅度、周期（频率）等基本参量，也可以观测相关信号之间的关系。

图1.54为几种电子示波器，图（a）所示的是典型的数字电子示波器面板；图（b）为实验中所用的VDS1022型电子示波器，这是一台双通道示波器，基本功能有：输入通道、水平调节旋钮、垂直调节旋钮、触发调节、AUTO自动跟踪测量、运行/停止按钮；图（c）显示的TDS－2024四通道示波器面板，三者基本操作都是相通的。

使用示波器时，由输入通道输入被测信号，通过调节水平和垂直旋钮合理显示观察范围，进行波形测量。对于周期信号，也可通过AUTO按钮自动完成波形的显示。

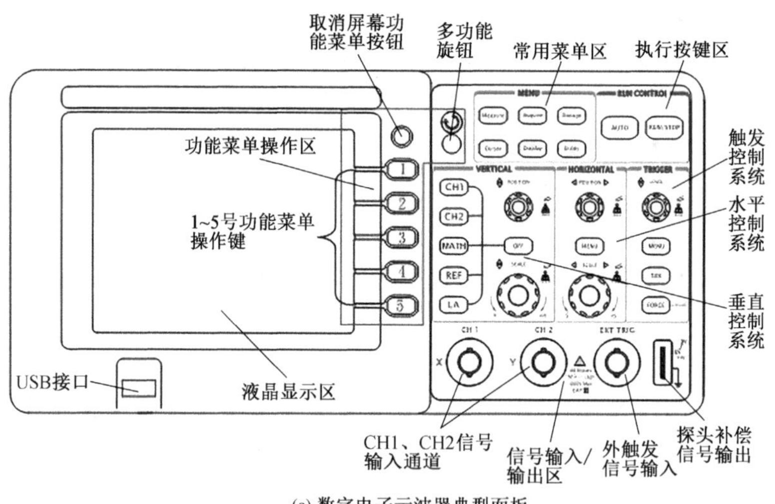

(a) 数字电子示波器典型面板

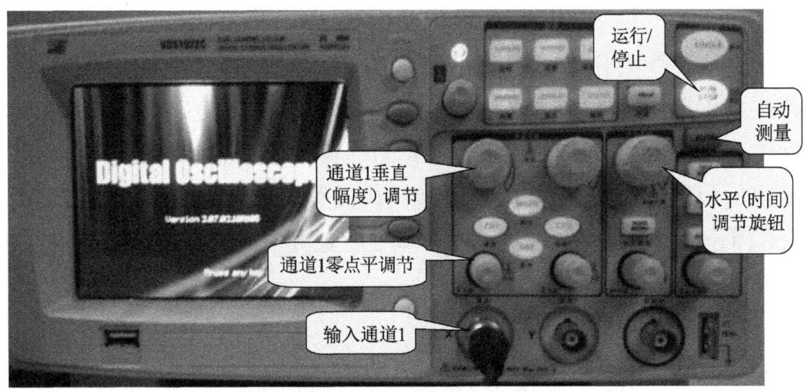

(b) VDS1022型电子示波器面板

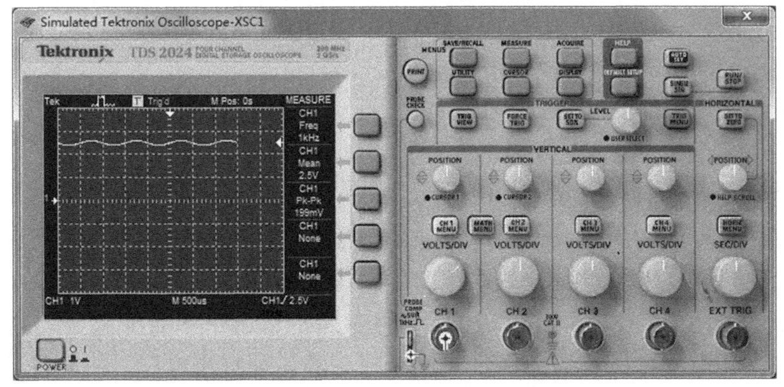

(c) TDS-2024四通道示波器面板

图1.54　几种电子示波器面板

按下AUTO按键，示波器将根据输入的信号，自动设置和调整垂直、水平及触发方式等各项控制值，使波形显示达到最佳适宜观察状态，如需要，还可进行手动调整。

RUN/STOP键为运行/停止波形采样按键。运行（波形采样）状态时，按键为黄色；按一下按键，停止波形采样且按键变为红色，有利于使用者绘制波形并可在一定范围内调整波形的垂直衰减和水平时基；再按一下按键，则恢复波形采样状态。

垂直控制区，垂直位置POSITION旋钮通过调节该通道“地”（GND）标识的显示位置，从而调节波形的垂直显示位置。

垂直比例SCALE旋钮调整所选通道波形的显示幅度。转动该旋钮改变“Volt/div（伏/格）”垂直挡位，同时，显示屏下的状态栏对应通道显示的幅值也会发生变化。CH1、CH2、MATH、REF为通道或方式按键，按下按键屏幕将显示相应功能菜单、标志、波形和挡位状态等信息。

水平控制区，主要用于设置水平时基的调节，水平位置 POSITION 旋钮调整信号波形在显示屏上的水平位置，转动该旋钮不但波形随旋钮而水平移动，且触发位移标志“T”也在显示屏上部随之移动，移动值则显示在屏幕左下角。

水平比例 SCALE 旋钮调整水平时基挡位设置，转动该旋钮改变“s/div（秒/格）”水平挡位，显示屏下的状态栏 Time 后显示的主时基值也会发生相应的变化。

1.6 直流稳压电源

1.6.1 直流稳压电源功能

电子设备工作时，必须使用电源作为工作动力。电视机、机顶盒等电子设备使用市电作为电源输入，设备内部有独立的整流稳压模块，产生内部电路所需的供电电压；移动式电子设备，如 MP3、手机等使用电池作为电源；而在实验室搭建的电子电路系统在成品之前，通常使用专门的仪器——直流稳压电源进行供电。直流稳压电源可以方便地提供常规范围下的各种直流电压，一般在正负 30 V 之间。当然，直流稳压电源本身也是需要外部（市电）供电的。

图 1.55 所示为实验用直流稳压电源 VD1710－3A，其主要操作和性能指标：

（1）二路独立输出 0～30 V 连续可调，最大电流为 3 A；二路串联输出时，最大电压为 60 V，最大电流为 3 A；二路并联输出时，最大电压为 30 V，最大电流为 6 A。

（2）主回路变压器的副边无中间抽头，故输出直流电压为 0～30 V 不分挡。

（3）独立（indep）、串联（series）、并联（parallel）状态，是由一组按钮开关在不同的组合状态下完成的。

根据两个不同值的电压源不能并联，两个不同值的电流源不能串联的原则，在电路设计上，两路 0～30 V 直流稳压电源在独立工作时电压（voltage）、电流（current）独立可调，并由两个电压表和两个电流表分别指示，在用作串联或并联时，两个电源分为主路电源（master）和从路电源（slave）。

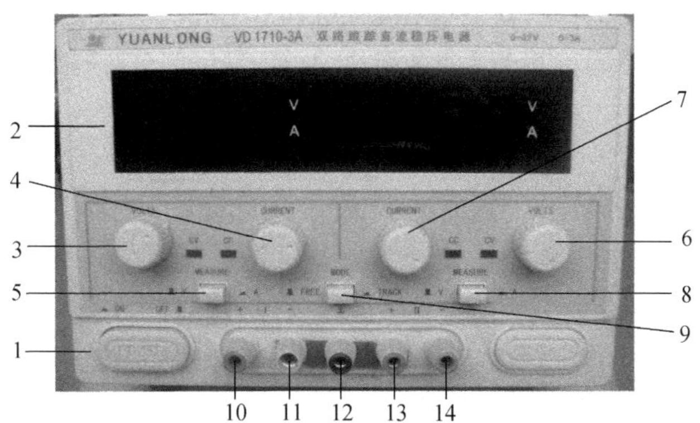

1—电源开关；2—Ⅰ、Ⅱ路电压电流输出显示；3、6—Ⅰ、Ⅱ路电压调节旋钮；4、7—Ⅰ、Ⅱ路电流调节旋钮；5、8—Ⅰ、Ⅱ路输出电压电流选择按钮；9—跟踪模式选择按钮；10、13—Ⅰ、Ⅱ路输出“+”；11、14—Ⅰ、Ⅱ路输出“-”；12—接地端

图 1.55　VD1710-3A 型直流稳压电源面板结构示意图

实验室还有其他类似的直流稳压电源，如图 1.56 所示，其操作方式和功能和上述电压源基本相同。图中电压源还具有右侧固定 5 V 输出方式。

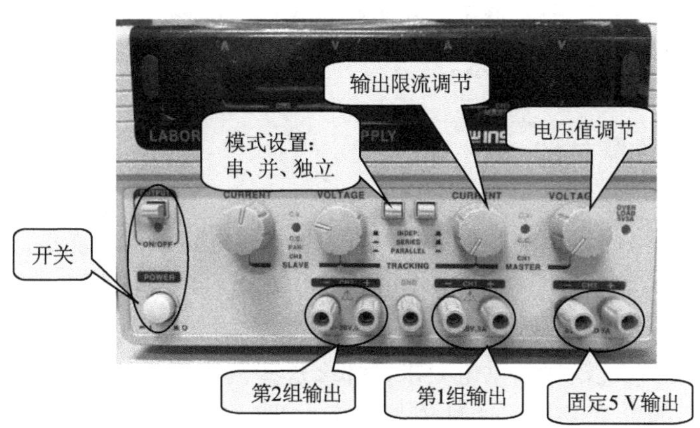

图 1.56　固纬直流稳压电源

1.6.2　给电子系统进行供电

使用直流稳压电源给实际电路供电时，供电要求主要受制于使用的电子元件。有时候情况是多样的，往往存在多种电压要求的情况。例如，数字逻辑芯片使用单电源 5 V 供电，模拟器件则通常需要双电源 ±12 V 电压供电，另外还有低压芯片会用到 3.3 V 的供电要求。

总体上，供电要求可以分为单电源供电和双电源供电（正负电压）。图 1.57 为电源供电拓扑示意图，其中 3.3 V 电压通过内部电路进行转换获得。

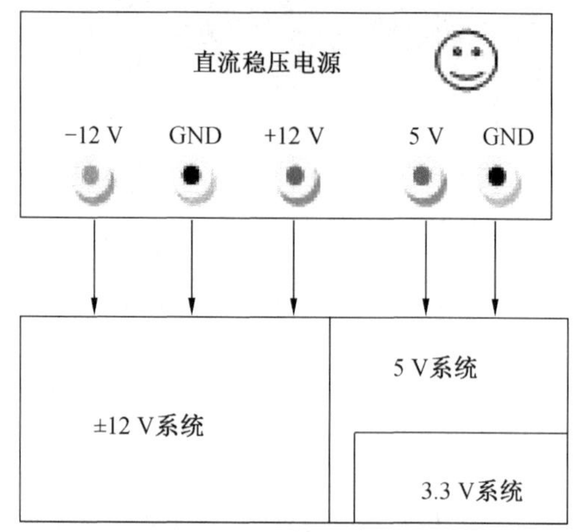

图 1.57 电源供电拓扑示意图

在实际应用中，初学者可以在条件允许的情况下，选择单一的供电电压，以简化电源的使用要求。**在本书中，如无特别说明，将统一采用单电源电压供电，典型值为 5 V，使用 V_{CC} 来表示。**

1.6.3 注意共地

电源在电子电路设计中非常重要，其不仅提供电路工作的能量，也为电路的正确运行提供参考基准（地）。电子电路系统在运行时，必须有一个参考基准，也就是系统的零电平，称为地（GND）。通常情况下，系统只使用一个地。如果电路中有不同的系统模块和供电要求，那么这些模块各自的地必须连接在一起，成为一个共同的参考基准，这种连接称为共地。如图 1.58 所示，电路中的地（GND）端子必须进行共地连接。

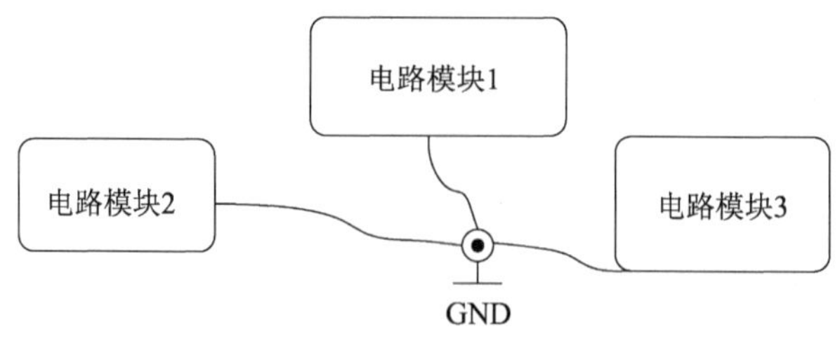

图 1.58 系统模块的共地连接示意图

为什么要共地?

在电路的连接调试过程中，仪器的接地端是否正确连接，是一个很重要的问题。如果接地端连接不正确或者接触不良，将直接影响测量精度，甚至影响测量结果的正确与否。在实验中，直流稳压电源的地即电路的地端，所以直流稳压电源的“地”一般要与实验板的“地”连接起来。稳压电源的“地”是与机壳连接起来的，这样就形成了一个完整的屏蔽系统，减少了外界信号的干扰，这就是常说的“共地”。

示波器的“地”应该和电路的“地”连在一起，否则看到的信号是“虚地”的，是不稳定的。信号发生器的“地”也应该和电路的“地”连接在一起，否则会导致输出信号不正确。特别是毫伏表的“地”，如果悬空，就得不到正确的测量结果，如果接地端接触不良，就会影响测量精度。正确的方法是，毫伏表的“地”尽量直接接在电路的接地端，而不要用导线连至电路接地端，这样就可以减小测量误差。通信电子线路中的一些仪器，例如扫频仪，也应该和电路“共地”。另外，在模拟、数字混合的电路中，数字“地”与模拟“地”应该分开，“热地”用隔离变压器，以免引起互相干扰。

第2章 电子技术课程设计综述

在前一章掌握基本专业知识的基础上，本章从课程设计开展的目的、内容及过程等方面对整个实践过程进行阐述。作为电类专业的一门实践类课程，本章安排既有任务要求，又介绍了设计原理，具有较强的指导作用。同时对设计选题也给出了较宽的范围，增加了选题的灵活性，以利于不同层次的学生进行选题和设计。

2.1 电子技术课程设计的目的

电子技术课程设计是在电路分析基础和电子技术基础（包括模拟电路和数字电路）课程的基础上进行的实践性课程，以使学生灵活应用电路分析和电子技术的有关知识，进行电子电路的综合性设计，了解现代 EDA 技术在电子设计中的应用。通过从原理图的设计和仿真到具体电子系统的安装和调试，全面提高学生的实际动手能力、安装调试能力、科学试验能力等方面的综合素质。

2.2 课程设计与电子产品研制的差别

电子产品的设计流程如图 2.1 所示。

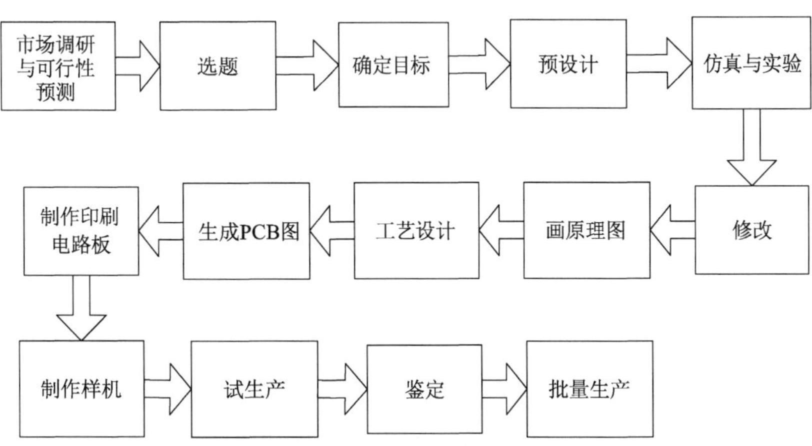

图 2.1　电子产品的设计流程

对于研制电子产品来说，选题和拟定性能指标十分重要，一般需要经过充分的调查研究才能确定，否则研制出来的产品可能没有实用价值和经济效益。

课程设计重在教学练习，设计题目是由教师指定并给定性能指标的，学生不需进行市场调研。

对于研制电子产品来说，必须考虑经济效益，在保证性能指标的前提下，应设法降低成本，因此，凡是从市场上或生产厂家可以买到的元器件都可以选用。但课程设计必须考虑元器件的通用性。由于实验室备料不可能十分丰富，因此，课程设计对元器件的品种有一定限制，一般只能在规定的范围内选用。

另外，电子产品研制还要考虑外形设计、销售等商业性问题，因为产品要转变成商品，最终的目的是产生经济效益。

课程设计只是电子电路设计的一次演习，它重在基础训练，是电子产品研制的原理电路设计阶段，与研制电子产品的实际情况存在相当大的差距。

2.3　基本原则和设计内容

2.3.1　课程设计的基本原则

(1) 满足系统功能和性能的要求。这是电子电路系统设计时必须满足的基本条件。

(2) 电路简单，成本低，体积小。系统集成技术是简化系统电路的最好方法。

（3）可靠性高。

（4）系统的集成度高。

（5）调试简单方便。

（6）生产工艺简单。

（7）操作简单方便。操作简便是现代电子电路系统的重要特征，难以操作的系统是没有生命力的。

（8）耗电少。

（9）性价比高。

通常希望所设计的电子电路能同时符合以上各项要求，但有时会出现相互矛盾的情况。例如，对于用交流电网供电的电子设备，如果电路总的功耗不大，那么功耗的大小不是主要矛盾；而对于用微型电池供电的航天仪表而言，功耗的大小则是主要矛盾之一。

2.3.2 课程设计的内容

电子电路设计是对各种技术综合应用的过程。通常电子电路设计过程中包括以下几个方面的内容：

（1）功能和性能指标分析。深入地了解所要设计的系统的特性。这是进行电子电路系统设计的原始依据。

（2）系统设计。系统设计包括初步设计、方案比较和实际设计 3 部分内容。一个实用课题的理想设计方案不是轻而易举就能获得的，而是往往需要设计者进行广泛、深入地调查研究，翻阅大量参考资料，并进行反复比较和可行性论证，结合实际工程实践需要，才能最后确定下来。

（3）原理电路设计。系统设计的结果提出了具体设计方案，确定了系统的基本结构，接下来的工作就是进行各部分功能电路以及分电路连接的具体设计。这时要注意局部电路对全系统的影响，要考虑是否易于实现，是否易于检测，以及性价比等问题，因此，平时要注意对电路资料的积累。

（4）可靠性设计。系统的方案设计和电路设计中必须考虑可靠性因素（如器件的选择、电路连接方式的选择等）。

（5）调试方案设计。设计人员在系统实际调试前要对调试的全过程有个清楚的认识，明确要调试的项目、目的、应达到的技术指标、可能发生的问题和现象、处理问题的方法、系统各部分调试时所需要的仪器设备等。

（6）编写课程设计的总结报告。撰写报告是对撰写科学论文和总结科研报告的能力训练，通过编写设计报告，不仅可以对设计、组装、调试的内容进行全面总结，提高学生的文字组织和表达能力，而且也可以帮助学生把实践内容上升到理论高度。

2.4 电路设计的一般过程

2.4.1 选择方案

设计电路的第一步就是选择总体方案。

所谓总体方案是用具有一定功能的若干单元电路构成一个整体，以满足课题题目所提出的要求和性能指标，实现各项功能。

方案选择就是按照系统总的要求，把电路划分成若干个功能块，得出能表示单元功能的整机原理框图。框图应能说明方案的基本原理，应能正确反映系统完成的任务和各组成部分的功能，清楚表示出系统的基本组成和相互关系。

按照系统性能指标要求，规划出各单元功能电路所要完成的任务，确定输出与输入的关系和单元电路的结构。

总体方案往往不止一个，应当针对系统提出的任务、要求和条件，进行广泛调查研究，大量查阅参考文献和有关资料，广开思路，要敢于探索，努力创新，提出若干不同方案，仔细分析每个方案的可行性和优缺点，反复比较，争取方案的设计合理、可靠、经济、功能齐全、技术先进。

方案选择必须注意下面两个问题：

（1）要有全局观点，抓住主要矛盾。

（2）在方案选择时，要充分开动脑筋，不仅要考虑方案是否可行，还要考虑怎样保证性能可靠、降低成本、降低功耗、减小体积等实际问题。

2.4.2 设计单元电路

设计单元电路的一般方法和步骤如下：

（1）根据设计要求和已选定的总体方案原理框图，确定对各单元电路的设计要求，拟定主要单元电路的性能指标、与前后级之间的关系、分析电路的构成形式。应注意各单元电路之间的相互配合，注意各部分输入信号、输出信号和控制信号的关系。

(2) 拟定好各单元电路的要求后，按信号流程顺序分别设计各单元电路。

(3) 选择单元电路的组成形式。一般情况下，应查阅有关资料，从已掌握的知识和了解的各种电路中选择一个合适的电路。如确实找不到性能指标完全满足要求的电路，也可选用与设计要求比较接近的电路，然后调整电路参数。

在单元电路的设计中特别要注意保证各功能块协调一致地工作。

2.4.3 参数计算

为保证单元电路达到功能指标要求，常需计算某些参数，如放大器电路中各电阻值，放大倍数，振荡器中电阻、电容、振荡频率等参数。只有很好地理解电路的工作原理，正确利用计算公式，计算的参数才能满足设计要求。

一般来说，计算参数应注意以下几点：

(1) 各元器件的工作电压、电流、频率和功耗等应在允许的范围内，并留有适当的余量。

(2) 对于环境温度、交流电网电压等工作条件，计算参数时应按最不利的情况考虑。

(3) 涉及元器件的极限参数必须留有足够的余量，一般按 1.5 倍左右考虑。例如，实际电路中三极管 U_{CEO} 的最大值为 20 V，那么挑选三极管时应按 U_{CEO} 为 30 V 考虑。

(4) 电阻值尽可能选在 1 MΩ 范围内，最大一般不应超过 10 MΩ，其数值应在常用电阻标称值系列之内，并根据具体情况正确选择电阻的品种。

(5) 非电解电容尽可能在 100 pF ~ 0.1 μF 范围内选择，其数值应在常用电容器标称值系列之内，并根据具体情况正确选择电容的品种。

(6) 在保证电路性能的前提下，尽可能设法降低成本，减少器件品种，减少元器件的功耗和减小体积，为安装调试创造有利条件。

(7) 有些参数很难用公式计算确定，需要设计者具备一定的实际经验。如确实无法确定，个别参数可待仿真时再确定。

2.4.4 仿真和实验

随着计算机的普及和 EDA 技术的发展，电子电路设计中的实验演变为仿真和实验相结合。

仿真具有下列优点：

(1) 对电路中只能依据经验来确定的元器件参数，用电路仿真的方法很容易确定，而且电路的参数容易调整。

（2）由于设计的电路中可能存在错误，或者在搭接电路时出错，可能损坏元器件，或者在调试中损坏仪器，从而造成经济损失。而电路仿真中虽然也可能损坏元器件或仪器，但不会造成经济损失。

（3）电路仿真不受工作场地、仪器设备、元器件品种、数量的限制。

尽管电路仿真有诸多优点，但其仍然不能完全代替实验。对于电路中关键部分或采用新技术、新电路、新器件的部分，一定要进行实验。

仿真和实验要完成以下任务：

（1）检查各元器件的性能、参数、质量能否满足设计要求。

（2）检查各单元电路的功能和指标是否达到设计要求。

（3）检查各个接口电路是否起到应有的作用。

（4）把各单元电路组合起来，检查总体电路的功能、性能是否最佳。

2.4.5 撰写设计总结报告

总结报告的首页包括课题名称、学生姓名、班级和指导教师等。

设计总结报告内容包括：

（1）课题名称；

（2）内容摘要；

（3）设计指标（要求）；

（4）系统框图；

（5）各单元电路设计、参数计算和元器件选择；

（6）画出完整的电路图，并说明电路的工作原理；

（7）元器件清单；

（8）实际 PCB 图或布线图；

（9）电路的特点和方案的优缺点，提出改进意见和展望；

（10）心得体会；

（11）列出参考文献。

课程设计报告的设计观点、理论分析、方案结论、计算等必须正确，尽量做到纲目分明、逻辑清楚、内容充实、轻重得当、文字通顺、图样清晰规范。

2.5 报告排版要求

2.5.1 页面设置

所有文档统一使用 Word 排版，页面设置：纸型为 A4，页边距规格：上下各空 2. 54 cm，左右各空 3. 17 cm，页眉距上 1. 5 cm，页脚距下 1. 75 cm。

文档正文内容的排版格式（特别说明除外）：中文用宋体，英文字体用 Times New Roman，五号。公式必须用公式编辑器进行录入。

2.5.2 标题要求

标题最多使用 3 级，分别为：章、节和小节。如果在小节中还需要分层次，可使用条、目。

1. 章

章为一级标题，位于正文中间；字体使用：华文新魏（中）、Times New Roman（西）、加粗，字号使用：四号；段前 6 磅、段后 6 磅；章标号统一使用 “第×章　标题”，标号与标题文字间制表位 1. 9 cm；标号选择样式 “标题 1”。注意：章的标题在页的首行。

2. 节

节为二级标题，与正文左对齐；字体使用：黑体（中）、Times New Roman（西）、加粗，字号使用：小四；段前 6 磅、段后 6 磅；节标号统一使用 “×. ×　标题”，标号与标题文字间制表位 1. 27 cm；标号选择样式 “标题 2”。

3. 小节

小节为三级标题，与正文左对齐；字体使用：黑体、加粗，字号使用：五号；段前 6 磅、段后 6 磅；小节标号统一使用 “×. ×. ×　标题”，标号与标题文字间制表位 1. 27 cm；标号选择样式 “标题 3”。

4. 条

条可作为四级标题，但其不与前三级标题统一编排。条标题样式：正文、黑体（中）、Times New Roman（西）、加粗、五号；首行缩进：0. 74 cm；段前 6 磅、段后 0 磅；条标号统一使用 “×．标题”，标号与标题文字间使用全角小点 “．”；标号在正文手工输入。

5. 目

文中的目操作步骤尽量统一用（1）（2）... 或①②…及再下的层次编号；文中并列内容可用“●”“◆”“■”等项目符号列出，要尽可能做到全书统一；如有再下一层次的并列内容，可用另一种项目符号；注意要易于区分层次的高低。

条标题样式：正文、宋体（中）、Times New Roman（西）、不加粗、五号；首行缩进：0.74 cm；段前 0 磅、段后 0 磅；目的标号灵活掌握，如“（1）　标题”，标号与标题文字之间空一格；标号在正文手工输入。

2.5.3 图、表及程序清单题注

1. 图

（1）每个框图必须用 Microsoft Visio 软件画，不允许用 Word 或者画图软件画。

（2）每一个图都要有图题。图中有（a）和（b）子图时，子图也要有子图题。

（3）每一章的图统一排号，如第 3 章的图用图 3.1、图 3.2。

（4）排号使用“题注”方式，在文中引用到图时使用“交叉引用”方式。

（5）图号和图题位于图的正下方。图题由词组或短语组成，要简短明确，题末不带标点。前后图的图题不应雷同。

（6）插图中的文字和线宽要求（屏幕图除外）：

● 文字为小五号，汉字用黑体，英文及数字用 Arial 字体。如果空间不够，个别文字可用更小字号。

● 图中粗线的范围为 $b = 0.25 \sim 0.7$ mm；细线的范围为 $b/2$，不得小于 0.1 mm。

● 一般情况下，图中主线用粗线，辅线用较细的线。

（7）图中的曲线要光滑，斜线不能有锯齿。文字的分辨率要高。

（8）书中所有图要随文排，图文呼应，即要先有文字叙述（先提到图），后见相应的图。

（9）从 PDF 文件中取图，建议使用 Adobe Illustrator，将取出的图存为 .wmf 文件以保证高分辨率；从电脑屏幕取图建议使用 HyperSnap - DX Pro 软件。由于 Microsoft Visio 编辑的图片都为矢量图，并可以在没原图的情况下直接修改，所以流程图统一使用该软件编辑，其他图片也尽可能使用该软件编辑。

（10）图要力求清晰，对于非矢量图尽可能不要在文档中拖大或缩小。

（11）对于器件文档，图中的英文应尽量翻译成中文。

（12）不要用 Windows 自带的或 Word 软件的画板画图。此两个软件画的图文分辨率差，斜线和弧线有锯齿。

（13）在整个文档内，图的大小和比例要协调、紧凑。

（14）插图示例：如图 0.1 所示。

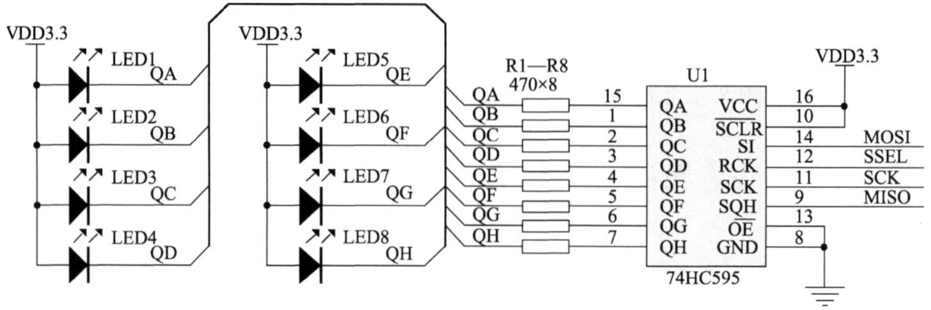

图 0.1 SPI 与 74HC595 连接图

2. 表

（1）每一个表都要有表题。

（2）每一章的表统一排号，如第 3 章的表用表 3.1，表 3.2。

（3）排号使用“题注”方式，在文中引用到表时使用“交叉引用”方式。

（4）表号和表题位于表的正上方。表题由词组或短语组成，要简短明确，题末不带标点。前后表的表题不应雷同。表题字体采用小五号黑体，西文采用小五号 Arial。

（5）表内文字采用小五号字体，如排不下则使用六号字。

（6）表格的绘制应遵循简洁、整齐的原则，避免使用复杂的格式。表格边框不应超出文档页面边界。

（7）要先见文，后见表，即先在文中提到表，再在其后见表。

（8）表格示例：如表 0.1 所示。

表 0.1 表格示例

表题 A	表题 B	表题 C	表题 D	表题 E
表中内容	表中内容	表中内容	表中内容	表中内容

（9）当表格跨页时，需插分表格，并在插分的表格上添加表题，在表格的右上方写上“续上表×.×”字体使用：五号、黑体、加粗。

2.5.4 程序清单

（1）每一个程序清单都要有标题。

（2）每一章的程序清单统一排号，如第 3 章的程序清单：程序清单 3.1，程序清单 3.2。

（3）排号使用“题注”方式，在文中引用到程序清单使用“交叉引用”方式。

（4）标号和标题位于程序清单的正上方。程序清单标题由词组或短语组成，要简短明确，题末不带标点。前后程序清单的标题不应雷同。标题字体中文采用小五号黑体，西文采用小五号 Time New Roman。

（5）程序清单内文字采用小五号宋体，西文采用小五号 Time New Roman。

（6）程序清单应遵循简洁、整齐的原则，底纹使用 10% 灰底。

程序清单示例：如程序清单 0.1 所示。

程序清单 0.1　程序清单示例 wait_ ms 函数

```
void wait_ ms ( unsigned long timeout )
{
    unsigned long timelimit;
        timelimit = g_ sof_ counter + timeout;
    while ( g_ sof_ counter < timelimit );
}
```

2.5.5 目录要求

目录为可选项，可根据文档需要添加目录。如需添加目录统一以如下格式编辑：

（1）一级目录左对齐不需缩进，字体使用：黑体（中）、Times New Roman（西）、小四；页码右对齐，目标题与页码间使用“…”连接。

（2）二级目录左对齐缩进两个中文字符，字体使用：宋体（中）、Times New Roman（西）、五号；页码右对齐，目标题与页码间使用“…”连接。

（3）三级目录左对齐缩进四个中文字符，字体使用：宋体（中）、Times New Roman（西）、五号；页码右对齐，目标题与页码间使用“…”连接。

2.5.6 附录要求

附录的格式要求与标题要求大体相同，不同的只是标题的标号：目录一级标题使用“附录 A”；二级标题使用“A. ×”；三级标题使用“A. ×. ×”。

2.5.7 参考文献

参考文献中的文字用小五宋体，顶格排，序码用［1］，回行齐肩（即与文字齐），行距为1.5 行，即行与行之间为4.5 磅；格式为：

［1］著者．书名．版本．其他责任者．出版地：出版者，出版年．

2.6 课程设计参考题目

2.6.1 智力竞赛抢答器

1. 任务要求

（1）4 组参赛者在进行抢答时（用4 组彩灯代表），当抢先者按下面前的按钮时，抢答器能准确地判断出抢先者，并以声、光为标志。要求声响、光亮时间为9 s，过后自动熄灭。

（2）抢答器应具有互锁功能，某组抢答后能自动封锁其他各组进行抢答。

（3）抢答器应具有限时（抢答时、回答问题时）功能。限时档次分别为30 s、60 s、90 s；时间到时应发出声响。同时，时间数据要用数码管显示出来。

（4）抢答者犯规或违章时，应自动发出警告信号，以提示灯光闪烁为标志。

（5）系统应具有一个总复位开关。

2. 设计原理

本课题的核心为抢答模块，其由四个触发器组成。抢答模块的主要功能是互锁，不论是抢答还是犯规，一旦一个选手先按下开关，其触发器首先触发，并且这个触发器的输出会将其他三个触发器 CP 脉冲输入屏蔽，从而达到互锁的目的。

2.6.2　盲人报时钟

1. 任务要求

(1) 具有时、分、秒计时功能，要求用数码管显示。

(2) 具有手动校时、校分功能。

(3) 设有报时、报分开关。当按报时开关时，能以声响数目告诉盲人。当按报分开关时，同样能以声响数目告诉盲人，但每响一下代表 10 min（报时与报分的声响频率应不同）。

2. 设计原理

本设计是一个显示时间的系统，所以三个计数器分别为 60、60、12 进制。用拨码开关不同的组合分别控制调时、调分、正常计时三种不同的状态。在调时、调分的过程中计数器间的 CP 脉冲被屏蔽掉，由单步脉冲代替 CP 输入；相反，正常计时的时候，单步脉冲被屏蔽掉。报时电路中，用减法计数器就可以实现报时的功能。

2.6.3　电子锁及门铃电路设计

1. 任务要求

(1) 设计一个电子锁，其密码为 8 位二进制代码，开锁指令为串行输入码。

(2) 开锁输入码与密码一致时，锁被打开。

(3) 当开锁输入码与密码不一致时，则报警。报警时间持续 15 s，停 3 s 后重复报警。

(4) 报警器可以兼作门铃使用，门铃时间为 10 s。

(5) 设置一个系统复位开关，所有的时间数据用数码管显示出来。

2. 设计原理

用 8 个数码开关设置密码，密码输入为串行输入，每次用拨码开关输入 1 位密码，按单步脉冲把这个密码输入。输入 8 次以后与原始密码相比较。密码的串行输入可以由移位寄存器（74194 ）的左移或右移功能来实现。另外单步脉冲还需要进行消抖，消抖电路数字电子技术课程中讲述，这里不再详述。

2.6.4 交通信号灯的自动控制

1. 任务要求

（1）通常情况下，大道绿灯亮，小道红灯亮。

（2）若小道来车，大道经6 s由绿灯变为黄灯；再经过4 s，大道由黄灯变为红灯，同时，小道由红灯变为绿灯。

（3）小道变绿灯后，若大道来车不到3辆，则经过25 s后自动由红灯变为黄灯，再经过4 s变为红灯，同时，大道由红灯变为绿灯。

（4）如果小道在绿灯亮时，灯亮的时间还没有到25 s，只要大道检测到已经有超过3辆车在等候，那么小道应立即由绿灯变为黄灯，再经过4 s变为红灯，同时，大道由红灯变为绿灯。

2. 设计原理

此交通灯系统包含4个状态：大道绿灯小道红灯、大道黄灯小道红灯、大道红灯小道绿灯、大道红灯小道黄灯，最后又回到大道绿灯小道红灯。这几个状态之间的时间间隔分别为6 s、4 s、25 s、4 s。可以用四选一数据选择器来控制计数器的进制，使计数器在相应的状态完成相应的功能。彩灯显示模块要采用动态扫描方式，实现大道小道分时显示。

2.6.5 数字显示电子钟

1. 任务要求

（1）时钟的“时”要求用两位显示；上、下午用发光管作为标志。

（2）时钟的“分”“秒”要求各用两位显示。

（3）整个系统要有校时部分（可以手动，也可以自动），校时时不能产生进位。

（4）系统要有闹钟部分，声音要响5 s（可以是一声一声地响，也可以连续响）。

2. 设计原理

（1）由石英晶体多谐振荡器和分频器产生1 Hz标准秒脉冲。

（2）“秒电路”“分电路”均为00～59的六十进制计数、译码、显示电路。

（3）“时电路”为00～23的二十四进制计数、译码、显示电路。

2.6.6 出租车计费器

1. 任务要求

（1）自动计费器具有行车里程计费、等候时间计费和起步费三部分，三项计费统一用4位数码管显示，最大金额为99.99元。

（2）行车里程单价设为1.80元/km，等候时间计费设为1.5元/10 min，起步费设为8.00元。要求行车时，计费数值每公里刷新一次；等候时每10 min刷新一次；行车不到1 km或等候不足10 min则忽略计费。

（3）在启动和停车时给出声音提示。

2. 设计原理

分别将行车里程、等候时间按相同的比价转换成脉冲信号，然后对这些脉冲进行计数，而起步价可以通过预置送入计数器作为初值，行车里程计数电路每行车1 km输出一个脉冲信号，启动行车单价计数器输出与单价对应的脉冲数，例如单价是1.80元/km，则设计一个180进制计数器，每公里输出180个脉冲到总费计数器，即每个脉冲为0.01元。等候时间计数器将来自时钟电路的秒脉冲作600进制计数，得到10 min信号，用10 min信号控制一个150进制计数器（等候10 min单价计数器）向总费计数器输入150个脉冲。这样，总费计数器根据起步价所置的初值，加上里程脉冲、等候时间脉冲即可得到总的用车费用。

2.6.7 自动售货机

1. 任务要求

（1）设计一个自动售货机，此机能出售1元、2元、5元、10元的四种商品。顾客需要哪种商品按动相应的一个按键即可，并同时用数码管显示出此商品的价格。

（2）顾客投入硬币的钱数也有1元、2元、5元、10元四种，但每次只能投入其中一种硬币钱数，此操作通过按动相应的一个按键来模拟，并同时用数码管将投币额显示出来。

（3）顾客投币后，按一次确认键，如果投币额不足则报警，报警时间3 s。如果投币额足够时自动送出货物（送出的货物用相应不同的指示灯显示来模拟），同时多余的钱应找回，找回的钱数用数码管显示出来。

（4）顾客一旦按动确认键，3 s后，自动售货机即自动恢复到初始状态，此时才允许顾客进行下一次购货操作。

(5) 售货机还应具有供商家使用的累加卖货额的功能，累加的钱数要用数码管显示，显示2位即可。此累加器只有商家可以控制清零。

(6) 此售货机要设有一个由商家控制的整体复位控制。

2. 设计原理

首先应搭建识别模块，将代表每种硬币的拨码开关信号转变为BCD码进行累加。当累加完成后，将累加结果与代表商品的BCD码（也许要搭建识别模块）相比较。如果大于售出商品则对两个BCD码求差，求差的结果作为找钱信号；如果等于则直接售出商品；小于则报警。至于统计卖得金额，则是对售出的商品进行累加。

2.6.8 自适应频率测量仪

1. 任务要求

(1) 频率测量范围：1 Hz ~ 10 MHz。

(2) 测量的4个量程：1 Hz ~ 10 kHz，10 kHz ~ 100 kHz，100 kHz ~ 1 MHz，1 MHz ~ 10 MHz。

(3) 自动转换量程。

(4) 测量数据显示四位，用小数点代表k的单位。

(5) 测量误差：≤0.05% FSR（满量程）。

2. 设计原理

频率计的测量频率就是在一段时间内测得的脉冲的个数。例如：在1 s内测得的脉冲个数为33，则所测频率为33 Hz；在0.1 s内测得的脉冲个数为330，则所测频率为3300 Hz。

如果在1 s内测得的脉冲的个数超过9999个，产生溢出信号，计时模块自动换挡在0.1 s内测脉冲个数，同时小数点移动位置。依此类推，直到在一段时间内不再产生溢出信号。

2.6.9 自动电梯控制器

1. 任务要求

(1) 设计一个4层楼的电梯自动控制系统，电梯内设有对外报警开关，可以在紧急情况下报警，而报警装置设在电梯外。

(2) 每层楼梯门边设有上楼和下楼的请求开关，电梯内设有供来客可选择所去楼层的开关。

（3）应设有表示电梯目前所处运动状态（上升或下降）以及电梯正位于哪一层楼的指示装置。

（4）能记忆电梯外的所有请求信号，并按照电梯的运行规则对信号分批响应，每个请求信号一直保持到执行后才撤除。

（5）电梯运行规则如下：

● 电梯上升时，仅响应电梯所在位置以上的上楼请求信号，依楼层次序逐个执行，直到最后一个请求执行完毕。然后升到有下楼请求的最高楼层，开始执行下楼请求信号。

● 电梯下降时，仅响应电梯所在位置以下的下楼请求信号，依楼层次序逐个执行，直到最后一个请求执行完毕。然后降到有上楼请求的最低楼层，开始执行上楼请求信号。

● 一旦电梯执行完全部请求信号后，应停留在原来层等待，有新的请求信号时再运行。

2. 设计原理

（1）1 ~4 层上楼和下楼请求，由各按钮开关输入用触发器来记忆各请求信号。在运行中，电梯停靠在有请求信号那一层。

（2）电梯上、下运行电路可由两组 4 位双向移位寄存器组成，受升降状态判断电路的输出信号来控制。此信号控制移位寄存器的 S1、S2 输入端，使电路处于左移和右移状态，以表示电梯处于上升和下降状态。两组移位寄存器同步工作，输出两路信息：一路输出作为电梯目前所在位置指示，另一路输出电路运行状态信息，供给电梯判停电路。

（3）判停电路根据升降状态判断电路输出信号，以及上楼和下楼请求信号，选取当前运行方向中的有效信号（给电梯所在位置前进方向的请求信号）。当电梯运行到有效请求信号位置时，电梯才停靠，并输出停靠信号，同时驱动电梯开门指示电路工作。

（4）电梯处在上升或下降状态时，仅响应请求信号，依楼层次序逐个执行。此控制电路应采用优先编码器去实现。

（5）电梯开门指示电路在收到电梯停靠信号后，电梯门开，开门指示灯亮，时钟信号中止，同时输出清除信号清除本层的该次请求信号。开门时间持续 5 s 后，在没有要求延长的情况下，电梯门自动关闭，开门指示灯灭。时钟信号恢复，电梯继续运行。若在开门时间内要求提前关门运行，可人工按动开关按钮，电梯立即关门并继续运行。若开门 5 s 将到，还希望继续延长时间，可人工按动延长按钮，开门状态将从按动按钮时起，再延长 5 s，此功能可多次使用，直到认为允许关门为止。

（6）在电梯运行过程中，升降状态判断电路不断判断电梯前进方向是否存在包括上楼及下楼在内的请求信号，在电梯停靠某层时，它的前进方向上不再有请求信号，若此时在原运行的反方向有请求信号，则电梯输出反方向运行信号，控制电梯反向运行，若此时，电梯升、降两个方向均无请求信号时，电梯将停在原层，停止运行。

2.6.10 自选设计题

经指导教师同意，由学生自主选择设计项目。

自选题目的设计要求：

（1）说明电路的工作原理。

（2）电路基本功能及参数指标的实现。

（3）电路仿真与调试。

（4）采用 Protel/Altium Designer 软件绘制 PCB 版图。

第 3 章

Proteus 设计基础

第 3 章、第 4 章介绍电子技术课程设计中常用的两个软件，从软件的基本界面和操作开始，到综合性课题的仿真验证，从简到难、通俗易懂地介绍了软件的基本使用方法和常用调试技能，为更好地开展课程设计打下软件知识基础。本章介绍 Proteus ISIS 的使用和设计方法。

Proteus ISIS 是英国 Lab Center Electronics 公司开发的电路分析与实物仿真软件。它运行于 Windows 操作系统上，可以仿真、分析（SPICE）各种模拟器件和集成电路，该软件的特点：① 实现了单片机仿真和 SPICE 电路仿真相结合，具有模拟电路仿真、数字电路仿真、单片机及其外围电路组成的系统的仿真、RS232 动态仿真、I^2C 调试器、SPI 调试器、键盘和 LCD 系统仿真的功能；有各种虚拟仪器，如示波器、逻辑分析仪、信号发生器等。② 支持主流单片机系统的仿真。目前支持的单片机类型有：68000 系列、8051 系列、AVR 系列、PIC12 系列、PIC16 系列、PIC18 系列、Z80 系列、HC11 系列以及各种外围芯片。③ 提供软件调试功能。在硬件仿真系统中具有全速、单步、设置断点等调试功能，同时可以观察各个变量、寄存器等的当前状态，因此在该软件仿真系统中，也具有这些功能；同时支持第三方的软件编译和调试环境，如 Keil uVision2 等软件。④ 具有强大的原理图绘制功能。总之，该软件是一款集单片机和 SPICE 分析于一身的仿真软件，功能极其强大。本章介绍 Proteus ISIS 软件的工作环境和一些基本操作。

3.1 进入 Proteus ISIS

双击桌面上的 ISIS Professional 图标或者单击屏幕左下方的“开始”→“程序”→“Proteus Professional”→“ISIS Professional”，出现如图 3.1 所示屏幕，表明进入 Proteus ISIS 集成环境。

图 3.1　启动时的屏幕

3.2　软件工作界面

Proteus ISIS 的工作界面是一种标准的电路仿真设计界面，如图 3.2 所示。其工作界面包括：标题栏、主菜单、标准工具栏、绘图工具栏、状态栏、对象选择按钮、预览对象方位控制按钮、仿真进程控制按钮、预览窗口、对象选择器窗口、图形编辑窗口。

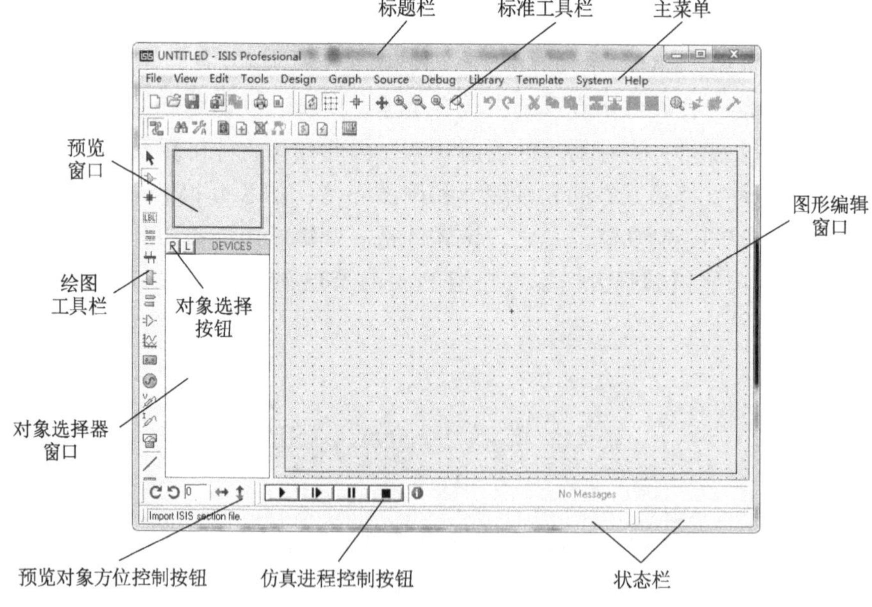

图 3.2　Proteus ISIS 的工作界面

3.3 软件基本操作

3.3.1 图形编辑窗口

在图形编辑窗口内完成电路原理图的编辑和绘制。

1. 坐标系统（Co – Ordinate System）

ISIS 中坐标系统的基本单位是 10 nm，主要是为了和 Proteus ARES 保持一致，但坐标系统的识别（read – out）单位被限制在 1th。坐标原点默认在图形编辑区的中间，图形的坐标值能够显示在屏幕右下角的状态栏中。

2. 点状栅格（The Dot Grid）与捕捉到栅格（Snapping to a Grid）

编辑窗口内有点状栅格，可以通过 View 菜单的 Grid 命令在打开和关闭间切换。点与点之间的间距由当前捕捉的设置决定。捕捉的尺度可以由 View 菜单的 Snap 命令设置，或者直接使用快捷键 F4、F3、F2 和 CTRL + F1。如图 3. 3 所示。

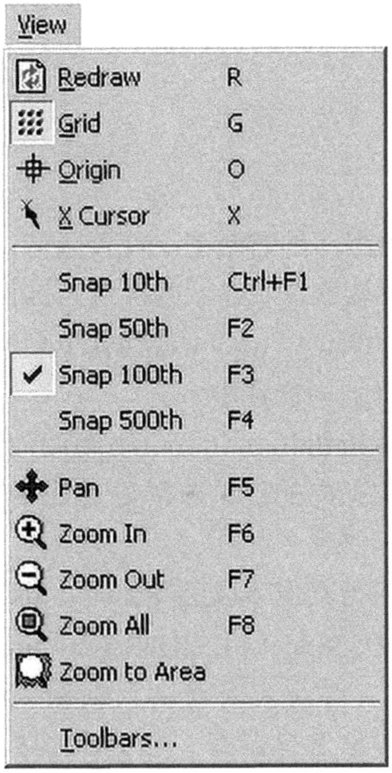

图 3. 3 视图 View 菜单

若按 F3 键或者通过 View 菜单选中 Snap 100th，鼠标在图形编辑窗口内移动时，坐标值是以固定的步长 100th 变化的，这称为捕捉。如果想要确切地看到捕捉位置，可以使用 View 菜单的 X－Cursor 命令，选中后将会在捕捉点显示一个小的或大的交叉十字。

3. 实时捕捉（Real Time Snap）

当鼠标指针指向管脚末端或者导线时，鼠标指针将会捕捉到这些物体，这种功能被称为实时捕捉，该功能可以方便地实现导线和管脚的连接。可以通过 Tools 菜单的 Real Time Snap 命令或者是 CTRL＋S 切换该功能。

可以通过 View 菜单的 Redraw 命令来刷新显示内容，同时预览窗口中的内容也将被刷新。当执行其他命令导致显示错乱时，可以使用该特性恢复显示。

4. 视图的缩放与移动

视图的缩放与移动可以通过如下几种方式：

（1）用鼠标左键点击预览窗口中想要显示的位置，这将使编辑窗口显示以鼠标点击处为中心的内容。

（2）在编辑窗口内移动鼠标，按下 Shift 键，用鼠标“撞击”边框，会使显示平移，称为 Shift-Pan。

（3）用鼠标指向编辑窗口并按缩放键或者操作鼠标的滚动键，会以鼠标指针位置为中心重新显示。

3.3.2 预览窗口

该窗口通常显示整个电路图的缩略图。在预览窗口上点击鼠标左键，将会有一个矩形蓝绿框标示出在编辑窗口中显示的区域。其他情况下，预览窗口显示将要放置的对象的预览。这种 Place Preview 特性在下列情况下被激活：

（1）当一个对象在选择器中被选中。

（2）当使用旋转或镜像按钮时。

（3）当为一个可以设定朝向的对象选择类型图标时（例如：Component icon，Device Pin icon 等）。

（4）当放置对象或者执行其他非以上操作时，place preview 会自动消除。

（5）对象选择器（Object Selector）根据由图标决定的当前状态显示不同的内容。

（6）在某些状态下，对象选择器有一个 Pick 切换按钮，点击该按钮可以弹出库元件选取窗体。通过该窗体可以选择元件并置入对象选择器，在今后绘图时使用。

3.3.3 对象选择器窗口

通过对象选择按钮，从元件库中选择对象，并置入对象选择器窗口，供今后绘图时使用。显示对象的类型包括：设备、终端、管脚、图形符号、标注和图形。

3.3.4 图形编辑的基本操作

1. 对象放置（Object Placement）

放置对象的步骤如下（To place an object:）

（1）根据对象的类别在工具箱选择相应模式的图标（mode icon）。

（2）根据对象的具体类型选择子模式图标（sub - mode icon）。

（3）如果对象类型是元件、端点、管脚、图形、符号或标记，从选择器（selector）里选择想要对象的名字。对于元件、端点、管脚和符号，可能首先需要从库中调出。

（4）如果对象是有方向的，将会在预览窗口显示出来，可以通过预览对象方位按钮对对象进行调整。

（5）最后，指向编辑窗口并点击鼠标左键放置对象。

2. 选中对象（Tagging an Object）

用鼠标指向对象并点击右键选中该对象。通过该操作选中对象并使其高亮显示，然后可以进行编辑。

选中对象时该对象上的所有连线同时被选中。

要选中一组对象，可以通过依次在每个对象上右击选中每个对象的方式；也可以通过右键拖出一个选择框的方式，但只有完全位于选择框内的对象才可以被选中。

在空白处点击鼠标右键可以取消所有对象的选择。

3. 删除对象（Deleting an Object）

用鼠标指向选中的对象并点击右键可以删除该对象，同时删除该对象的所有连线。

4. 拖动对象（Dragging an Object）

用鼠标指向选中的对象并用左键拖拽可以拖动该对象。该方式不仅对整个对象有效，而且对对象中单独的 labels 也有效。

如果 Wire Auto Router 功能被激活的话，被拖动对象上所有的连线将会重新排布或者“fixed up”。这将花费一定的时间（10 s 左右），尤其在对象有很多连线的情况下，这时鼠标指针将显示为一个沙漏。

如果误拖动一个对象，所有的连线都变成一团糟，可以使用 Undo 命令撤销操作恢复原来的状态。

5. 拖动对象标签（Dragging an Object Label）

许多类型的对象有一个或多个属性标签附着。例如，每个元件有一个“reference”标签和一个“value”标签，可以很容易地移动这些标签使电路图看起来更美观。

移动标签的步骤如下（To move a label）：

（1）选中对象。

（2）用鼠标指向标签，按下鼠标左键。

（3）拖动标签到需要的位置。如果想要定位得更精确，可以在拖动时改变捕捉的精度（使用 F4、F3、F2、CTRL + F1 键）。

（4）释放鼠标。

6. 调整对象大小（Resizing an Object）

可以调整子电路（Sub - circuits）、图表、线、框和圆的大小。

调整对象大小的步骤如下（To resize an object）：

（1）选中对象。

（2）如果对象可以调整大小，对象周围会出现黑色小方块，叫作“手柄”。

（3）用鼠标左键拖动这些“手柄”到新的位置，可以改变对象的大小。在拖动的过程中手柄会消失以便不与对象的显示混叠。

7. 调整对象的朝向（Reorienting an Object）

许多类型的对象可以调整朝向为0°、90°、270°、360°或通过 x 轴 y 轴镜像。当该类型对象被选中后，Rotation and Mirror 图标会从蓝色变为红色，然后就可以来改变对象的朝向。

调整对象朝向的步骤如下（To reorient an object）：

（1）选中对象。

（2）用鼠标左键点击 Rotation 图标可以使对象逆时针旋转，用鼠标右键点击 Rotation 图标可以使对象顺时针旋转。

（3）用鼠标左键点击 Mirror 图标可以使对象按 x 轴镜像，用鼠标右键点击 Mirror 图标可以使对象按 y 轴镜像。

当 Rotation and Mirror 图标是红色时，操作它们将会改变某个对象，即便你当前没有看到它，实际上，这种颜色的指示在操作想要放置的新对象时格外有用。当图标是红色时，首先取消对象的选择，此时图标会变成蓝色，说明现在可以“安全”调整新对象了。

8. 编辑对象（Editing an Object）

许多对象具有图形或文本属性，这些属性可以通过一个对话框进行编辑，这是一种很常见的操作，有多种实现方式。

编辑单个对象的步骤如下（To edit a single object using the mouse）：

（1）选中对象。

（2）用鼠标左键点击对象。

连续编辑多个对象的步骤如下（To edit a succession of objects using the mouse）：

（1）选择Main Mode图标，再选择Instant Edit图标。

（2）依次用鼠标左键点击各个对象。

以特定的编辑模式编辑对象的步骤如下（To edit an object and access special edit modes）：

（1）指向对象。

（2）使用键盘CTRL+E。

对于文本脚本来说，这将启动外部的文本编辑器。如果鼠标没有指向任何对象的话，该命令将对当前的图进行编辑。

通过元件的名称编辑元件的步骤如下（To edit a component by name）：

（1）键入E。

（2）在弹出的对话框中输入元件的名称（part ID）。

确定后将会弹出该项目中任何元件的编辑对话框，并非只限于当前sheet的元件。编辑完后，画面将会以该元件为中心重新显示。你可以通过该方式来定位一个元件，即便并不想对其进行编辑。

9. 编辑对象标签（Editing An Object Label）

元件、端点、线和总线标签都可以像元件一样编辑。

编辑单个对象标签的步骤如下（To edit a single object label using the mouse）：

（1）选中对象标签。

（2）用鼠标左键点击对象。

连续编辑多个对象标签的步骤如下（To edit a succession of object labels using the mouse）：

（1）选择Main Mode图标，再选择Instant Edit图标。

（2）依次用鼠标左键点击各个标签。

任何一种编辑方式，都将弹出一个带有Label and Style栏的对话框窗体。

10. 拷贝所有选中的对象（Copying all Tagged Objects）

拷贝一整块电路的方式如下（To copy a section of circuitry）：

（1）选中需要的对象。

（2）用鼠标左键点击 Copy 图标。

（3）把拷贝的轮廓拖到需要的位置，点击鼠标左键放置拷贝。

（4）重复步骤 3 放置多个拷贝。

（5）点击鼠标右键结束。

当一组元件被拷贝后，它们的标注自动重置为随机态，用来为下一步的自动标注作准备，防止出现重复的元件标注。

11. 移动所有选中的对象（Moving all Tagged Objects）

移动一组对象的步骤如下（To move a set of objects）：

（1）选中需要的对象。

（2）把轮廓拖到需要的位置，点击鼠标左键放置。

可以使用块移动的方式来移动一组导线，而不移动任何对象。

12. 删除所有选中的对象（Deleting all Tagged Objects）

删除一组对象的步骤如下（To delete a group of objects）：

（1）选中需要的对象。

（2）用鼠标左键点击 Delete 图标。

如果错误删除了对象，可以使用 Undo 命令来恢复原状。

13. 画线（WIRING Placement）

软件中没有画线的图标按钮，ISIS 的智能化满足自动检测功能。

在两个对象间连线步骤如下（To connect a wire between two objects）：

（1）左击第一个对象连接点。

（2）如果想自动定出走线路径，只需左击另一个连接点。另一方面，如果想自己决定走线路径，只需在想要的拐点处点击鼠标左键。

一个连接点可以精确地连到一根线。在元件和终端的管脚末端都有连接点。一个圆点从中心出发有 4 个连接点，可以连 4 根线。

由于一般都希望能连接到现有的线上，ISIS 也将线视作连续的连接点。此外，一个连接点意味着 3 根线汇于一点，ISIS 提供了一个圆点，避免由于错漏点而引起的混乱。

在此过程的任何一个阶段，都可以按 ESC 键来放弃画线。

14. 线路自动路径器（Wire Auto – Router）

线路自动路径器（WAR）省去了必须标明每根线具体路径的麻烦。该功能默认是打开的，但可通过两种方式略过该功能。

如果只是在两个连接点左击，WAR 将选择一个合适的线径。但如果点了一个连接点，然后点一个或几个非连接点的位置，ISIS 将认为你在手工定线的路径，将会让你点击线的路径的每个角。路径是通过左击另一个连接点来完成的。

WAR 可通过使用工具菜单里的 WAR 命令来关闭。这个功能在两个连接点间直接定出对角线时是很有用的。

15. 重复布线（Wire Repeat）

假设要连接一个 8 字节 ROM 数据总线到电路图主要数据总线。已将 ROM、总线和总线插入点如图 3.4 所示放置。

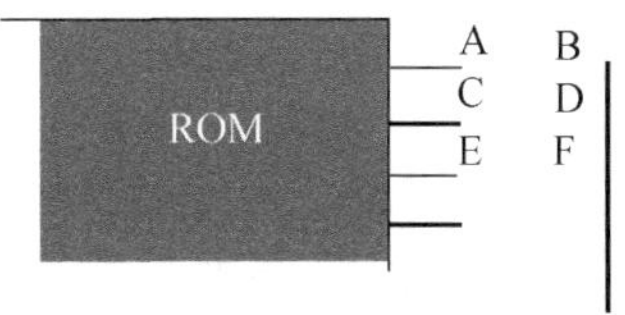

图 3.4 重复布线演示

首先左击 A，然后左击 B，在 AB 间画一根水平线。双击 C，重复布线功能会被激活，自动在 C、D 间布线。双击 E、F，以下类同。

重复布线完全复制了上一根线的路径。如果上一根线已经是自动重复布线将仍旧自动复制该路径。如果上一根线为手工布线，那么将精确复制用于新的线。

16. 拖线（Dragging Wires）

尽管操作线一般使用连接和拖的方法，但也有一些特殊方法可以使用。

如果拖动线的一个角，那该角就随着鼠标指针移动。

如果鼠标指向一个线段的中间或两端，就会出现一个角，然后可以拖动。注意：为了使后者能够工作，线所连的对象不能有标示，否则 ISIS 会认为你想拖该对象。

也可使用块移动命令来移动线段或线段组。

移动线段或线段组操作步骤如下（To move a wire segment or a group of segments）：

（1）在想移动的线段周围拖出一个选择框。若该“框”为一个线段旁的一条线也是可以的。

（2）左击“移动”图标（在工具箱里）。

（3）如图标所示的相反方向垂直于线段移动“选择框”（tag－box）。

（4）左击结束。

如果操作错误，可用 Undo 命令返回。

由于对象被移动后节点可能仍留在对象原来位置周围，ISIS 提供一项技术来快速删除线中不需要的节点。

从线中移走节点的步骤如下（To remove a kink from a wire）：

（1）选中（Tag）要处理的线。

（2）用鼠标指向节点一角，按下左键。

（3）拖动该角和自身重合（图 3.5）。

（4）松开鼠标左键，ISIS 将从线中移走该节点。

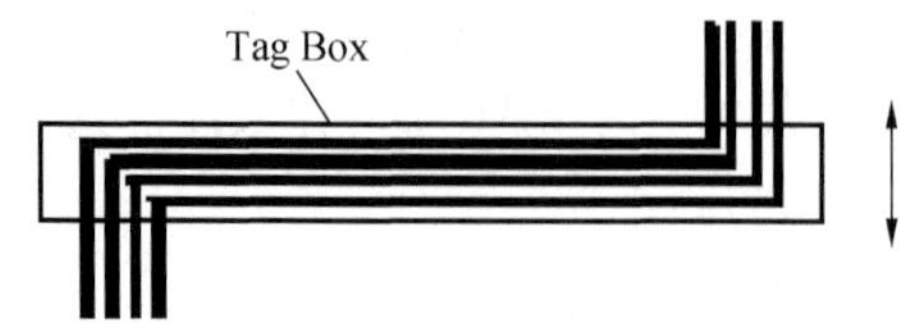

图 3.5 快速删除节点

主窗口是一个标准 Windows 窗口，除具有选择执行各种命令的顶部菜单和显示当前状态的底部状态条外，菜单下方有两个工具条，包含与菜单命令一一对应的快捷按钮，窗口左部还有一个工具箱，包含添加所有电路元件的快捷按钮。工具条、状态条和工具箱均可隐藏。

3.4 菜单命令简述

以下分别列出主窗口和四个输出窗口的全部菜单项。对于主窗口，在菜单项旁边同时列出工具条中对应的快捷鼠标按钮。

3.4.1 主窗口菜单

1. File（文件）

（1）New（新建） 新建一个电路文件

（2）Open（打开）… 打开一个已有电路文件

（3）Save（保存） 将电路图和全部参数保存在打开的电路文件中

（4）Save As（另存为）… 将电路图和全部参数另存在一个电路文件中

（5）Print（打印）… 打印当前窗口显示的电路图

（6）Page Setup（页面设置）… 设置打印页面

（7）Exit（退出） 退出 Proteus ISIS

2. Edit（编辑）

（1）Rotate（旋转） 旋转一个欲添加或选中的元件

（2）Mirror（镜像） 对一个欲添加或选中的元件作镜像

处理

(3) Cut (剪切)　将选中的元件、连线或块剪切入裁剪板

(4) Copy (复制)　将选中的元件、连线或块复制入裁剪板

(5) Paste (粘贴)　将裁剪板中的内容粘贴到电路图中

(6) Delete (删除)　删除元件，连线或块

(7) Undelete (恢复)　恢复上一次删除的内容

(8) Select All (全选)　选中电路图中全部的连线和元件

3. View (查看)

(1) Redraw (重画)　重画电路

(2) Zoom In (放大)　放大电路到原来的两倍

(3) Zoom Out (缩小)　缩小电路到原来的 1/2

(4) Full Screen (全屏)　全屏显示电路

(5) Default View (缺省)　恢复最初状态大小的电路显示

(6) Simulation Message (仿真信息)　显示/隐藏分析进度信息显示窗口

(7) Common Toolbar (常用工具栏)　显示/隐藏一般操作工具条

(8) Operating Toolbar (操作工具栏)　显示/隐藏电路操作工具条

(9) Element Palette (元件栏)　显示/隐藏电路元件工具箱

(10) Status Bar (状态信息条)　显示/隐藏状态条

4. Place (放置)

(1) Wire (连线)　添加连线

(2) Element (元件)　添加元件

　a. Lumped (集总元件)　添加各个集总参数元件

　b. Microstrip (微带元件)　添加各个微带元件

　c. S Parameter (S 参数元件)　添加各个 S 参数元件

　d. Device (有源器件)　添加各个三极管、FET 等元件

(3) Done (结束)　结束添加连线、元件

5. Parameters (参数)

(1) Unit (单位)　打开单位定义窗口

(2) Variable (变量)　打开变量定义窗口

(3) Substrate (基片)　打开基片参数定义窗口

(4) Frequency (频率)　打开频率分析范围定义窗口

(5) Output (输出)　打开输出变量定义窗口

（6）Opt/Yield Goal（优化/成品率目标）	打开优化/成品率目标定义窗口
（7）Misc（杂项）	打开其他参数定义窗口

6. Simulate（仿真）

（1）Analysis（分析）	执行电路分析
（2）Optimization（优化）	执行电路优化
（3）Yield Analysis（成品率分析）	执行成品率分析
（4）Yield Optimization（成品率优化）	执行成品率优化
（5）Update Variables（更新参数）	更新优化变量值
（6）Stop（终止仿真）	强行终止仿真

7. Result（结果）

（1）Table（表格）	打开一个表格输出窗口
（2）Grid（直角坐标）	打开一个直角坐标输出窗口
（3）Smith（圆图）	打开一个 Smith 圆图输出窗口
（4）Histogram（直方图）	打开一个直方图输出窗口
（5）Close All Charts（关闭所有结果显示）	关闭全部输出窗口
（6）Load Result（调出已存结果）	调出并显示输出文件
（7）Save Result（保存仿真结果）	将仿真结果保存到输出文件

8. Tools（工具）

（1）Input File Viewer（查看输入文件）	启动文本显示程序显示仿真输入文件
（2）Output File Viewer（查看输出文件）	启动文本显示程序显示仿真输出文件
（3）Options（选项）	更改设置

9. Help（帮助）

（1）Content（内容）	查看帮助内容
（2）Elements（元件）	查看元件帮助
（3）About（关于）	查看软件版本信息

3.4.2 表格输出窗口（Table）菜单

1. File（文件）

（1）Print（打印）…	打印数据表
（2）Exit（退出）	关闭窗口

2. Option（选项）

（1）Variable（变量）… 选择输出变量

3.4.3 方格输出窗口（Grid）菜单

1. File（文件）

（1）Print（打印）… 打印曲线

（2）Page setup（页面设置）… 打印页面

（3）Exit（退出） 关闭窗口

2. Option（选项）

（1）Variable（变量）… 选择输出变量

（2）Coord（坐标）… 设置坐标

3.4.4 Smith 圆图输出窗口（Smith）菜单

1. File（文件）

（1）Print（打印）… 打印曲线

（2）Page setup（页面设置）… 打印页面

（3）Exit（退出） 关闭窗口

2. Option（选项）

（1）Variable（变量）… 选择输出变量

3.4.5 直方图输出窗口（Histogram）菜单

1. File（文件）

（1）Print（打印）… 打印曲线

（2）Page setup（页面设置）… 打印页面

（3）Exit（退出） 关闭窗口

2. Option（选项）

（1）Variable（变量）… 选择输出变量

3.5 实例讲解

实例电路如图 3.6 所示。

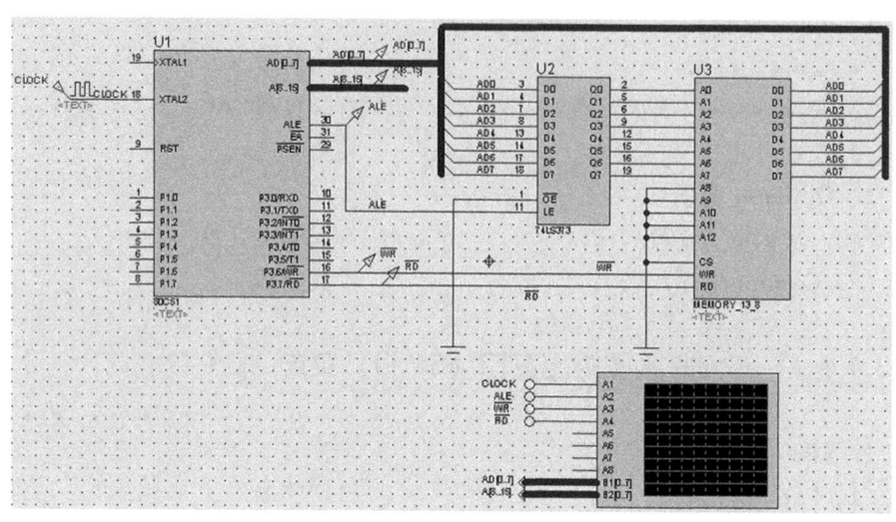

图 3.6 实例电路

1. 将所需元器件加入到对象选择器窗口

单击对象选择器按钮 P，如图 3.7（a）所示。在弹出的 “Pick Devices” 页面中，使用搜索引擎，在 “Keywords” 栏中分别输入 “74LS373” “80C51. BUS” 和 “MEMORY_ 13_ 8”，在搜索结果 “Results” 栏中找到该对象，并将其添加至对象选择器窗口，如图 3.7（b）所示。

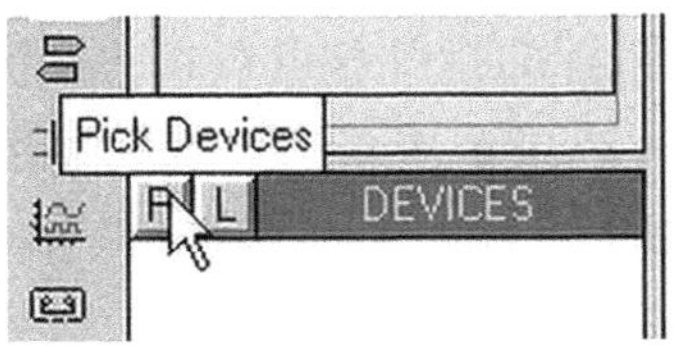

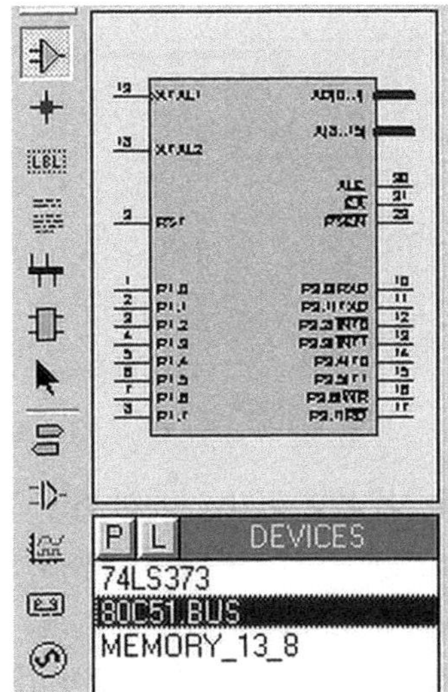

(a) 选择按钮　　　　(b) 搜索对象

图 3.7　搜索元器件

2. 放置元器件至图形编辑窗口

将 “74LS373” “80C51. BUS” 和 “MEMORY_ 13_ 8”，放置到图形编辑窗口，如图 3. 8 所示。

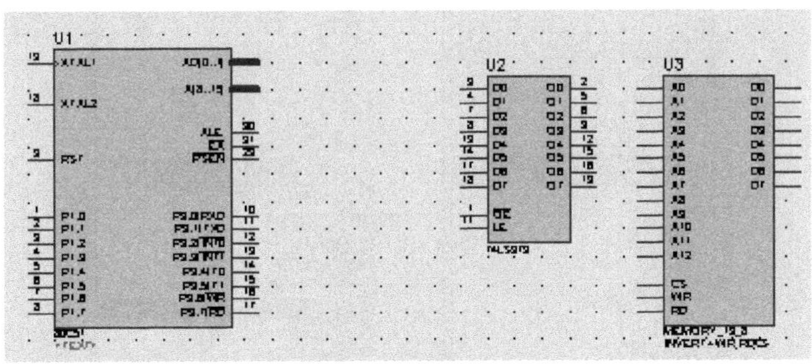

图 3.8　放置元器件

3. 放置总线至图形编辑窗口

单击绘图工具栏中的总线按钮 ╪，使之处于选中状态。将鼠标置于图形编辑窗口，绘制出如图 3. 9 所示的总线。

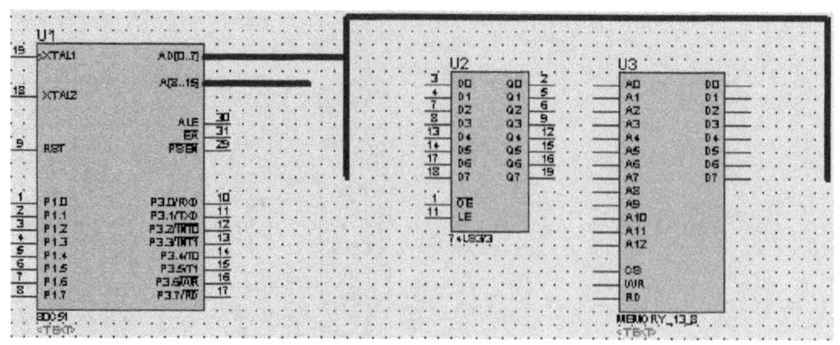

图 3.9　放置总线

在绘制总线的过程中，应注意：① 当鼠标的指针靠近对象的连接点时，鼠标的指针会出现一个“×”号，表明总线可以接至该点；② 在绘制多段连续总线时，只需要在拐点处单击鼠标左键，其他步骤与绘制一段总线相同。

4. 添加时钟信号发生器和接地引脚

单击绘图工具栏中的信号发生器按钮 ，在对象选择器窗口，选中对象 DCLOCK，如图 3.10 所示，将其放置到图形编辑窗口。

单击绘图工具栏中的 Inter-sheet Terminal 按钮 ，在对象选择器窗口，选中对象 GROUND，如图 3.10 所示，将其放置到图形编辑窗口。

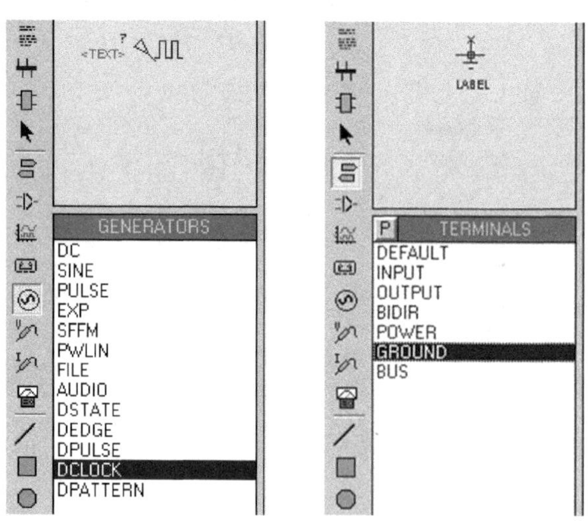

图 3.10　添加信号和地

5. 元器件之间的连线

在图形编辑窗口，完成各对象的连线，如图 3.11 所示。

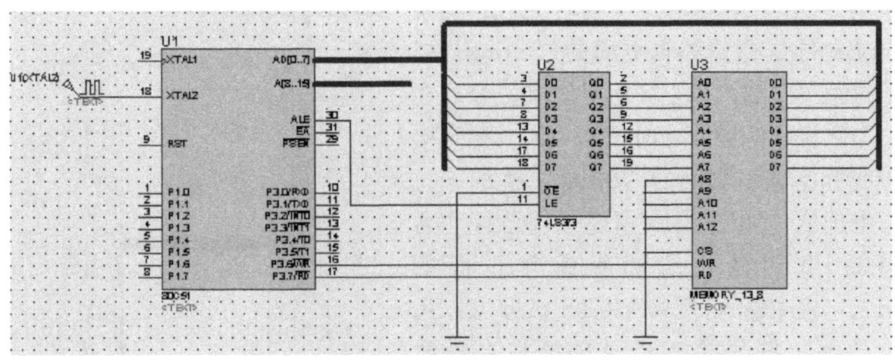

图 3.11　元器件之间的连线

此过程中注意两点：① 当时钟信号发生器与单片机的 XTAL2 引脚完成连线后，系统自动将信号发生器名改为 U1（XTAL2），取代以前的“?”；② 当线路出现交叉点时，若出现实心小黑圆点，表明导线接通，否则表明导线无接通关系。当然，可以通过绘图工具栏中的连接点按钮 + ，完成两交叉线的接通。

6. 给导线或总线加标签

单击绘图工具栏中的导线标签按钮 LBL ，在图形编辑窗口，完成导线或总线的标注，如图 3.12 所示。

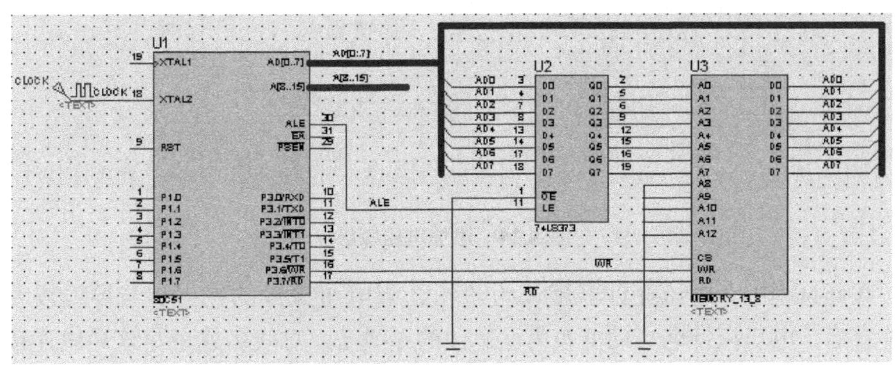

图 3.12　添加标签

此过程中注意两点：① 当时钟信号发生器与单片机的 XTAL2 引脚完成连线标注为 CLOCK 后，系统自动将信号发生器名改为 CLOCK，取代以前使用的“U1（XTAL2）”；②总线的命名可以与单片机的总线名相同，也可不同，但方括号内的数字却被赋予了特定的含义。例如总线命名为：AD［0..7］，意味着此总线可以分为 8 条彼此独立的，命名为 AD0、AD1、AD2、AD3、AD4、AD5、AD6、

AD7 的导线，若该总线一旦标注完成，则系统自动在导线标签编辑页面的“String”栏的下拉菜单中加入以上 8 组导线名，今后在标注与之相联的导线名时，如 AD0，要直接从导线标签编辑页面的“String”栏的下拉菜单中选取，如图 3. 13 所示；③若标注名为 $\overline{WR}$，直接在导线标签编辑页面的“String”栏中输入“$ WR $”，即可以用两个“$”符号将字母 WR 标注在横线上面。

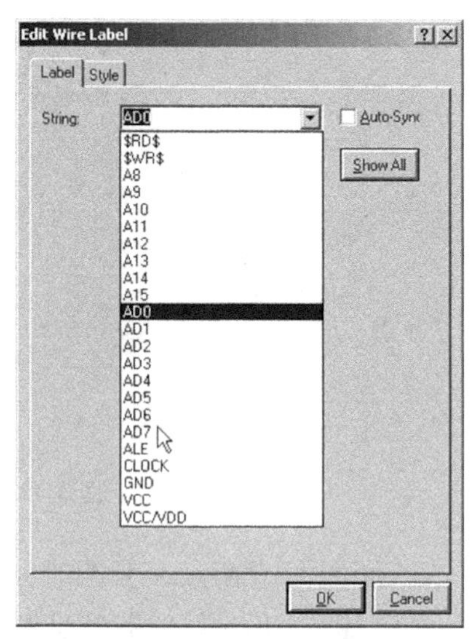

图 3. 13 选取导线

7. 添加电压探针

单击绘图工具栏中的电压探针按钮，在图形编辑窗口，完成电压探针的添加，如图 3. 14 所示。

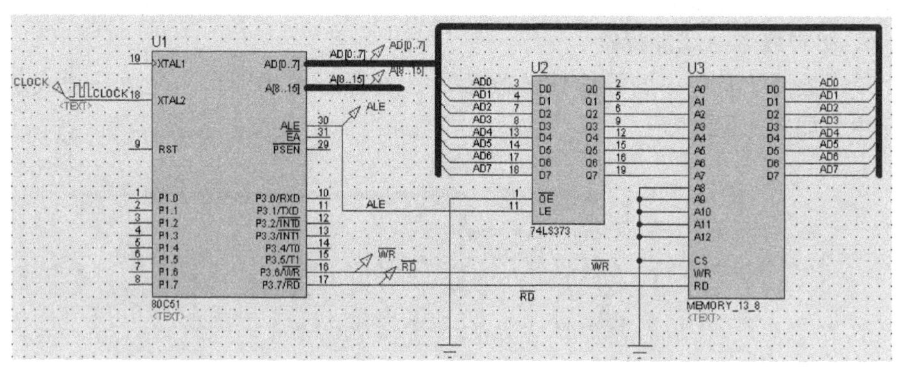

图 3. 14 添加电压探针

在此过程中，电压探针名默认为“?”，当电压探针的连接点与导线或者总线连接后，电压探针名自动更改为已标注的导线名，总线名或者与该导线连接的设备引脚名。

8. 设置元器件的属性

在图形编辑窗口内，将鼠标置于时钟信号发生器上，单击鼠标右键，选中该对象，单击鼠标左键，进入对象属性编辑页面，如图 3. 15（a）所示。在“Frequency（Hz）”栏中输入 12M，单击“OK”按钮，结束设置。此操作意味着，时钟信号发生器给单片机提供频率为 12 MHz 的时钟信号。

在图形编辑窗口内，将鼠标置于单片机上，单击鼠标右键，选中该对象，单击鼠标左键，进入对象属性编辑页面，如图 3.15（b）所示。在“Program File”中，通过打开按钮，添加程序执行文件。

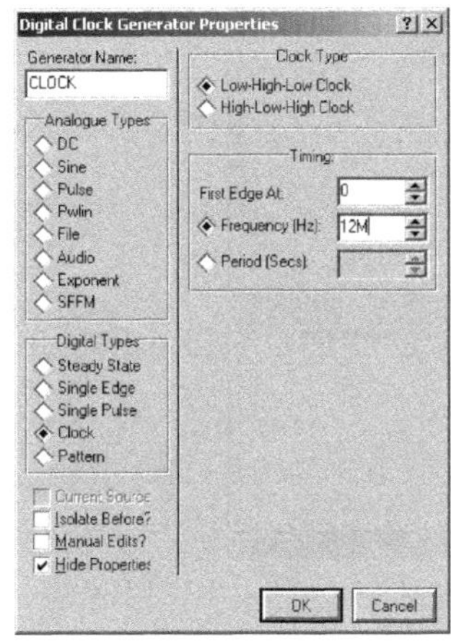

(a) 设置频率

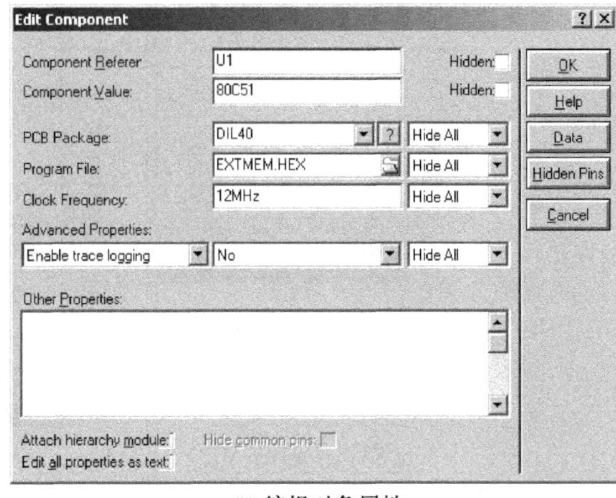

(b) 编辑对象属性

图 3.15 设置元器件的属性

9. 添加虚拟逻辑分析仪

单击绘图工具栏中的虚拟仪器按钮，在对象选择器窗口，选中对象 LOGIC ANALYSER，如图 3.16 所示，将其放置到图形编辑窗口。

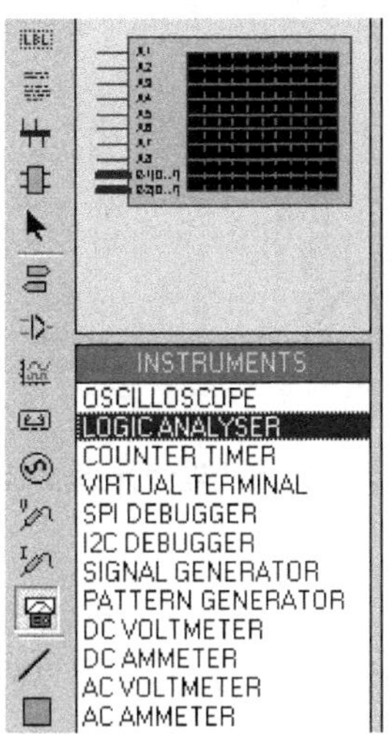

图 3.16 添加虚拟逻辑分析仪

10. 给逻辑分析仪添加信号终端

单击绘图工具栏中的 Inter-sheet Terminal 按钮，在对象选择器窗口，选中对象 DEFAULT，如图 3. 17（a）所示，将其放置到图形编辑窗口；在对象选择器窗口，选中对象 BUS，将其放置到图形编辑窗口，如图 3. 17（b）所示。

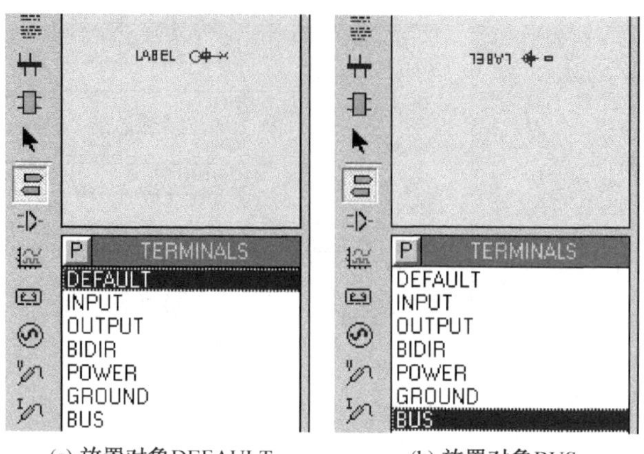

(a) 放置对象DEFAULT　　(b) 放置对象BUS

图 3. 17　添加信号终端

11. 将信号终端与虚拟逻辑分析仪连线并加标签

在图形编辑窗口，完成信号终端与虚拟逻辑分析仪的连线。

单击绘图工具栏中的导线标签按钮，在图形编辑窗口，完成导线或总线的标注，将标注名移动至合适位置，如图 3. 18 所示。通过标注，顺利地完成了第一幅图与第二幅图的衔接。至此，便完成了整个电路图的绘制。

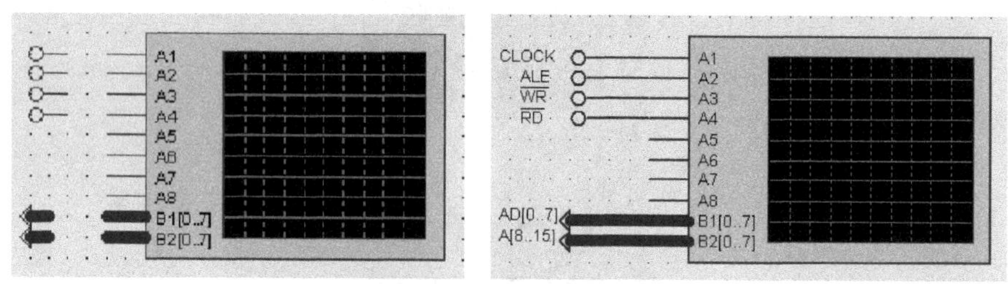

图 3. 18　完成连线并添加标签

12. 添加程序代码

设计程序，实现对数据存储器中某一存储单元（地址为 0x1234）写入数据（0xAA），并将这个存储单元的值读入变量 i 中。程序源代码如下：

```
#include "absacc. h"

void main (  )
{
  char i;
  while (1)
   {XBYTE [0x1234]  =0xaa;
  i =XBYTE [0x1234];
   }
}
```

实现 Proteus 与 Keil C 的联合调试。有时为了调试硬件，可将 Keil C 中的源程序经编译链接后生成 HEX 文件，在 Proteus ISIS 中可以直接调用该文件。具体操作：选中 80C51，单击进入对象属性编辑界面，打开 Program File 按钮，添加 HEX 程序执行文件，如图 3. 19 所示。

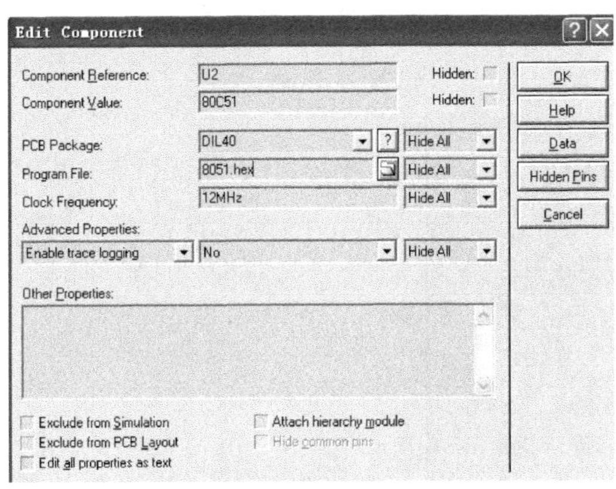

图 3. 19　添加 HEX 文件

13. 调试运行

使用快捷键“Page Down”，将图幅切换到“Root sheet 1”。单击仿真运行开始按钮，能清楚地观察到：① 引脚的电平变化。红色代表高电平，蓝色代表低电平，灰色代表未接入信号，或者为三态；② 电压探针的值在周期性地变化。单击仿真运行结束按钮则仿真结束。

使用快捷键“Page Down”，将图幅切换到“Root sheet 2”。单击仿真运行开始按钮，能清楚地观察到，虚拟逻辑分析仪 A1、A2、A3、A4 端代表高低电平红色与蓝色交替闪烁，通常会同时弹出虚拟逻辑分析仪示波器，如图 3. 20

所示。如未弹出虚拟逻辑分析仪示波器，可单击仿真结束按钮，结束仿真。单击“Debug”菜单，选中并执行下拉菜单“Reset Popup Windows”，如图 3.21 所示。在弹出的对话框中，选择“Yes”执行；再单击仿真运行开始按钮，便会弹出虚拟逻辑分析仪示波器。单击逻辑分析仪的启动键，在逻辑分析仪上出现如图 3.22 所示的波形图，这就是读写存储器的时序图。

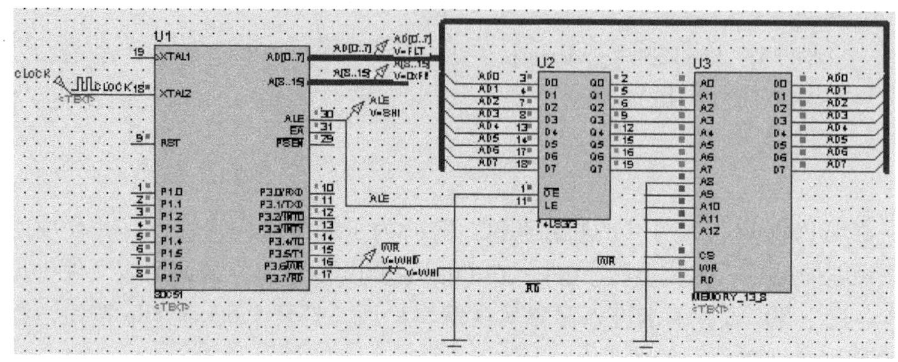

图 3.20　调试运行

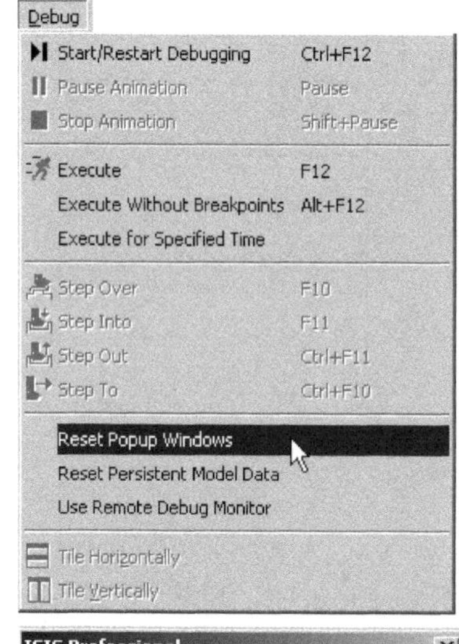

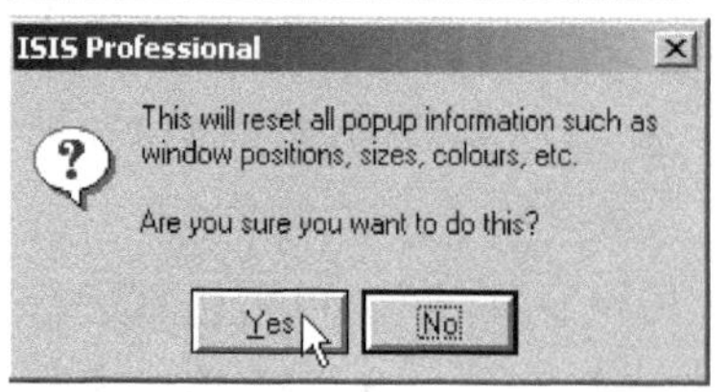

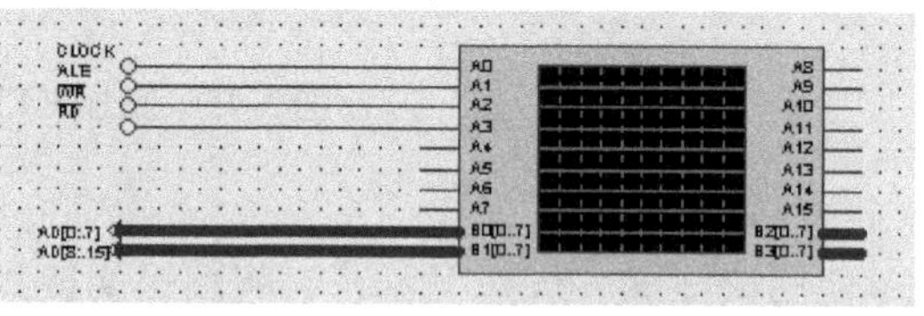

图 3.21　“Debug”菜单

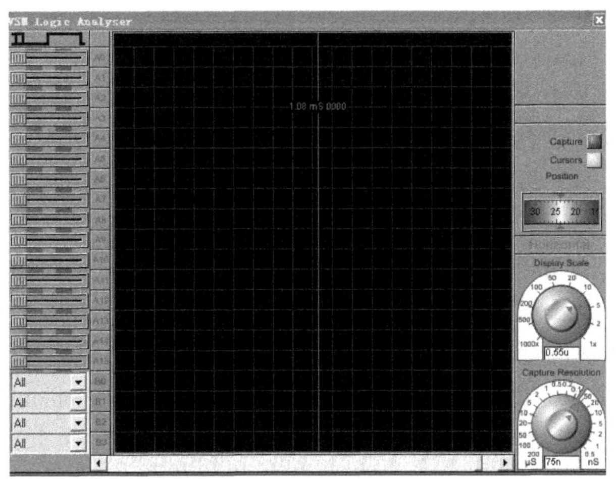

图 3.22　读写存储器的时序图

3.6　实际功能分析

1. 使用元件工具箱

Proteus ISIS 主窗口左端的元件工具箱与工具条的作用相似，包含添加全部元器件的快捷图标按钮，与菜单中的元器件添加命令完全对应，用法与工具条一致。通过选取主窗口的菜单项 View/Element Palette（查看/元件栏）可以隐藏/显示这个工具箱。

2. 使用状态信息条

Proteus ISIS 主窗口下端的状态条显示当前电路图编辑状态以及键盘中几个键的当前状态，这些状态显示便于用户的操作。几个输出窗口下端也有状态条，显示当前鼠标位置对应的坐标值，并随鼠标的移动及时更新，便于用户读图。通过选取主窗口的菜单项 View/Status Bar（查看/状态信息栏）可以隐藏/显示这个状态条。

3. 使用对话框

Proteus ISIS 中全部参数输入均采用对话框完成。各种对话框虽功能不同，但都具有共同的特点。所有对话框均包含按钮、列表框、组合框、编辑框等几种控制，均含有 OK（确定）和 Cancel（取消）两个特殊按钮。点按 OK（确定）可关闭对话框，并使参数输入生效；点按 Cancel（取消）也可关闭对话框，但使参数输入全部失效。

4. 使用计算器工具

计算器窗口可以计算微带线特性和常规算术运算。

5. 使用仿真信息窗口

Proteus ISIS 的仿真信息窗口显示正在进行的电路仿真的执行状态、出错信息以及执行结果，如电路的成品率等。用户可根据这些信息来查错、是否继续做优化、是否应强行终止仿真。通过选取主窗口的菜单项 View/Simulation Message（查看/仿真信息）可以隐藏/显示这个窗口。

6. 关闭 Proteus ISIS

在主窗口中选取菜单项 File/Exit（文件/退出），屏幕中央出现提问框，问用户是否想关闭 Proteus ISIS，点按 OK（确定）键即可关闭 Proteus ISIS。如果当前电路图修改后尚未存盘，在提问框出现前还会询问用户是否存盘。

第 4 章

Multisim 仿真技术

4.1 Multisim 软件使用简介

Multisim 是 Interactive lmage Technologies 公司推出的一个专门用于电子线路仿真和设计的软件，目前在电路分析、仿真与设计应用中比较流行。软件以图形界面为主，采用菜单、工具栏和热键相结合的方式，为一般 Windows 应用软件的界面风格，用户可以根据自己的习惯和熟悉程度自如使用。

Multisim 软件是一个完整的设计工具系统，提供了一个非常丰富的元件数据库，并提供原理图输入接口、全部的数模混合仿真功能、FPGA/CPLD 综合调试功能，具有电路设计能力和后处理功能，还可进行从原理图到 PCB 布线的无缝隙数据传输。

Multisim 软件最突出的特点之一是用户界面友好，尤其是多种可放置到设计电路中的虚拟仪表很有特色。这些虚拟仪表主要包括不波器、万用表、瓦特表、信号发生器、波特图图示仪、失真度分析仪、频谱分析仪、逻辑分析仪和网络分析仪等，从而使电路的仿真分析操作更符合电子工程技术人员的工作习惯。

4.2 软件界面及通用环境变量

1. 启动操作

启动 Multisim 10 以后，出现界面如图 4.1 所示。

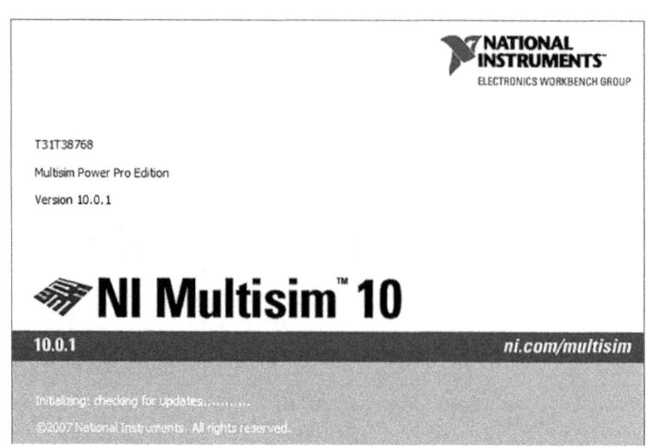

图 4.1 Multisim 软件启动界面

2. Multisim 10 的界面

Multisim 10 打开后的界面如图 4.2 所示，主要由菜单栏、工具栏、缩放栏、设计栏、仿真栏、工程栏、元件栏、仪器栏、电路图编辑窗口等部分组成。

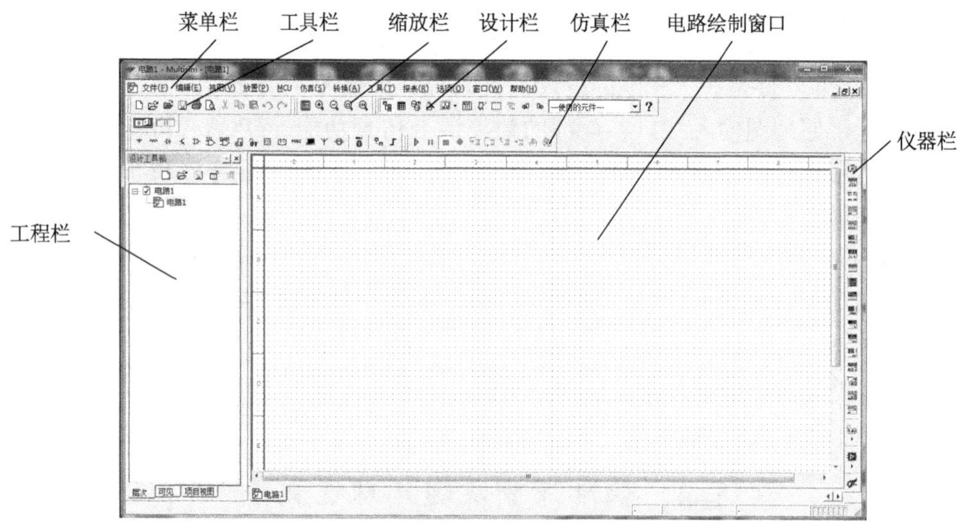

图 4.2 Multisim 软件主界面

3. 操作

选择文件/新建/原理图，即弹出主设计窗口。

4.3 Multisim 软件常用元件库分类

Multisim 软件元件库分类如图 4.3 所示。

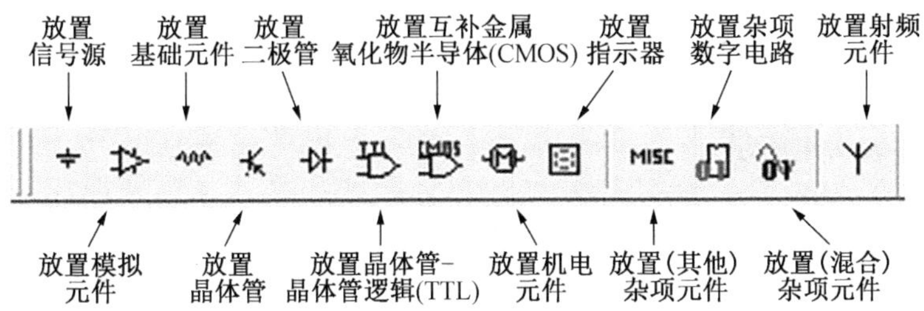

图 4.3 multisim 软件元件库分类

1. 信号源

点击“放置信号源”按钮，弹出对话框中的“系列”栏，内容如表 4.1 所示。

表 4.1

电源	信号电压源	信号电流源
PROWER_ SOURCES	SIGNAL_ WOLTAG	SIGNAL_ CURREN
控制函数器件	电压控源	电流控源
CONTROL_ FUNCT	CONTROLLED_ V	CONTROLLED_ C

(1) 选中“电源 (POWER_ SOURCES)”，其“元件”栏下内容如表 4.2 所示。

表 4.2

交流电源	直流电源	数字地	地线	非理想电源	三角形三相电源
AC_ PROWER	DC_ PROWER	DGND	GROUND	NON_ TDEAL_ BATTERY	THREE_ PHASE_ DELTA
星形三相电源	TTL 电源	COMS 电源	TTL 地端	COMS 地端	
THREE_ PHASE_ WYE	VCC	VDD	VEE	VSS	

(2) 选中“信号电压源 (SIGNAL_ VOLTAGE_ SOURCES)”，其“元件”栏下内容如表 4.3 所示。

表 4.3

交流信号电压源	调幅信号电压源	时钟信号电压源	指数信号电压源
AC_ VOLTAGE	AM_ VOLTAGE	CLOCK_ VOLTAGE	EXPONE-NTIAL_ VOLTAGE
调频信号电压源	分段线性信号电压源	脉冲信号电压源	自噪声信号电压源
FM_ VOLTAGE	PIECEWISE_ VOLTAGE	PULSE_ VOLTAGE	WHITE_ VOLTAGE

(3) 选中"信号电流源 (SIGNAL_ CURRENT_ SOURCES)", 其"元件"栏下内容如表 4.4 所示。

表 4.4

交流信号电流源	调幅信号电流源	时钟信号电流源	指数信号电流源
AC_ CURRENT	AM_ CURRENT	CLOCK_ CURRENT	EXPONENTIAL_ CURRENT
调频信号电流源	分段线性信号电流源	脉冲信号电流源	自噪声信号电流源
FM_ CURRENT	PIECEWISE_ CURRENT	PULSE_ CURRENT	WHITE_ CURRENT

(4) 选中"控制函数块 (CONTROL_ FUNCTION_ BLOCKS)", 其"元件"栏下内容如表 4.5 所示。

表 4.5

限流器	除法器	乘法器	非线性函数控制器	多项式电压控制器
CURRENT_ LIMITER_ BOLOC	DIVIDE	MULTIPLIER	NONLINEAR_ DEPENDENT	POLYNOMAL_ VOLTAGE
传递函数控制器	压控限幅器	电压微分	电压放大器	滞回电压控制器
TRANSFER_ FUNCTION_	VOLYAGE_ CONTROLLED	VOLYAGE_ DIFFERENTIAT	VOLYAGE_ GAIN_ BLOCK	VOLYAGE_ HYSTERISIS
积分电压器	限幅器	信号响应速率控制器	加法器	
VOLYAGE_ INTEGRATOR	VOLYAGE_ LIMUTER	VOLYAGE_ SLEW_ RATE	VOLYAGE_ SUMMER	

(5) 选中"电压控源 (CONTROLLED_ VOLTAGE_ SOURCES)", 其"元件"栏下内容如表 4.6 所示。

表 4.6

单脉冲控制器	电流控压器	键控电压器	电压控线性源
CONTROLLED_ ONE_ SHOT	CURRENT_ CONTROLLED_ VOLYAGE	FSK_ VOLTAGE	VOLYAGE_ CONTROLLED_ PIECEWISE LINEAR SOURCE
电压控正弦波	电压控方波	电压控三角波	电压控电压器
VOLYAGE_ CONTROLLED_ SINEWAVE	VOLYAGE_ CONTROLLED_ SQUARE_ WAVE	VOLYAGE_ CONTROLLED_ TRIAGL WAVE	VOLYAGE_ CONTROLLED_ VOLYAGE SOURCE

（6）选中“电流控源（CONTROLLED_ CURRENT_ SOURCES）”，其“元件”栏下内容如表 4.7 所示。

表 4.7

电流控电流源	电压控电流源
CURRENT_ CONTROLLED_ CURRENT SOUCE	VOLTAGE_ CONTROLLED_ CURRENT SOUCE

2. 模拟元件

点击“放置模拟元件”按钮，弹出对话框中“系列”栏下内容如表 4.8 所示。

表 4.8

模拟虚拟元件	运算放大器	比较器	宽带运放	诺顿运算放大器	特殊功能运放
ANALOG_ VIRTUAL	OPAMP	COMPARATOR	WIOEBAND_ AMPS	OPAMP_ NORTON	SPBCIAL_ FUNCTION

（1）选中“模拟虚拟元件（ANALOG_ VIRTUAL）”，其“元件”栏中仅有虚拟比较器、三端虚拟运放和五端虚拟运放 3 个品种可供调用。

（2）选中“运算放大器（OPAMP）”。其“元件”栏中包括了国外许多公司提供的多达 4243 种各种规格运放可供调用。

（3）选中“诺顿运算放大器（OPAMP_ NORTON）”，其“元件”栏中有 16 种规格诺顿运放可供调用。

（4）选中“比较器（COMPARATOR）”，其“元件”栏中有 341 种规格比较器可供调用。

（5）选中“宽带运放（WIDEBAND_ AMPS）”其“元件”栏中有 144 种规格宽带运放可供调用，宽带运放典型值达 100 MHz，主要用于视频放大电路。

（6）选中“特殊功能运放（SPECIAL_ FUNCTION）”，其“元件”栏中有165种规格特殊功能运放可供调用，主要包括测试运放、视频运放、乘法器/除法器、前置放大器和有源滤波器等。

3. 基础元件

点击“放置基础元件”按钮，弹出对话框中“系列”栏下内容如表4.9所示。

表4.9

基本虚拟元件	定额虚拟元件	三维虚拟元件	电阻器
BASIC_ VIRTUAL	BATEB_ VIRTUAL	3D_ VIRTUAL	RESISTOR
贴片电阻器	电阻器组件	电位器	电容器
RESISTOR_ SMT	HPACE	POTENTIOMETER	CAPACITOR
电解电容器	贴片电容器	贴片电解电容	可变电容器
CAP_ ELECTROLIT	CAPACITOR_ SMT	CAP_ ELECTROLIT_ SMT	VARTABLE_ CAP ACITOR
电感器	贴片电感器	可变电感器	开关
INDUCTOR	INDUCTOR_ SMT	VARTABLE_ INDUCTOR	SWITCH
变压器	非线性变压器	Z负载	继电器
TRANSFORMER	NON_ LINEAR_ TRANSFORMER	Z_ LOAD	RELAY
连接器	插座、管座		
CONNECTORS	SOCKETS		

（1）选中“基本虚拟元件库（BASIC_ VIRTUAL）”，其“元件”栏下内容如表4.10所示。

表4.10

虚拟交流120 V常闭继电器	虚拟交流120 V常开继电器	虚拟交流120 V双触点继电器	虚拟交流12 V常闭继电器
120V_ AC_ NC_ RELAY_ VIRTUAL	120V_ AC_ NO_ RELAY_ VIRTUAL	120V_ AC_ NCNO_ RELAY_ VIRTUAL	12V_ AC_ NC_ RELAY_ VIRTUAL
虚拟交流12 V常开继电器	虚拟交流12 V双触点继电器	虚拟电容器	虚拟无芯绕阻磁动势控制器
12V_ AC_ NO_ RELAY_ VIRTUAL	12V_ AC_ NCNO_ RELAY_ VIRTUAL	CAPACTTOR_ VIRTUAL	CORELESS_ COLL_ VIRTUAL

续表

虚拟电感器	虚拟有磁芯电感器	虚拟无芯耦合电感	虚拟电位器
INDUCTOR_ VIRTUAL	MAGNETTC_ CORE_ VIRTUAL	NLT_ VIRTUAL	POTENTIOMETER_ VIRTUAL
虚拟直流常开继电器	虚拟直流常闭继电器	虚拟直流双触点继电器	虚拟电阻器
RELAY1A_ VIRTUAL	RELAY1B_ VIRTUAL	RELAY1C_ VIRTUAL	RESISTOR_ VIRTUAL
虚拟半导体电容器	虚拟半导体电阻器	虚拟带铁芯变压器	虚拟可变电容器
SEMICONDUCTOR_ CAP_ VIRTUAL	SEMICONDUCTOR_ RESISTOR_ VIRTUAL	TS_ VIRTUAL	VARIABLE_ CAPACITOR_ VIRTUAL
虚拟可变电感器	虚拟可变下拉电阻器	虚拟电压控制电阻器	
VARIABLE_ INDUCTOR_ VIRTUAL	VARTABLE_ PULLUP_ VIRTUAL	VDLTAGE_ CONTROLLED_ RESISTOR_ VIRTUAL	

（2）选中“额定虚拟元件（RATED_ VIRTUAL）”，其“元件”栏下内容如表 4.11 所示。

表 4.11

额定虚拟三五时基电路	额定虚拟 NPN 晶体管	额定虚拟 PNP 晶体管	额定虚拟电解电容器
555_ TIMER_ RATED	BJT_ NPN_ RATED	BJT_ PNP_ RATED	CAPACITOR_ POL_ RATED
额定虚拟电容器	额定虚拟二极管	额定虚拟熔丝管	额定虚拟电感器
CAPACITOR _ RATED	DTODE _ RATED	FUSE_ RATED	INDUCTOR_ RATED
额定虚拟蓝发光二极管	额定虚拟绿发光二极管	额定虚拟红发光二极管	额定虚拟蓝黄光二极管
LED_ BLUE_ RATED	LED_ GREEN_ RATED	LEN_ RED_ RATED	LED_ YELLOW_ RATED
额定虚拟电动机	额定虚拟直流常闭继电器	额定虚拟直流常开继电器	额定虚拟直流双触点继电器
MOTOR_ RATED	NC_ RELAY_ RATED	NO_ RELAY_ RATED	NCNO_ RELAY_ RATED

续表

额定虚拟运算放大器	额定虚拟普通发光二极管	额定虚拟光电管	额定虚拟电位器
OPAMP_ RATED	PHOTO_ DIODE_ RATED	PHOTO_ TRANSISTOT_ RATED	POTENTIOMETER_ RATED
额定虚拟下拉电阻	额定虚拟电阻	额定虚拟带铁芯变压器	额定虚拟无铁芯变压器
PULLUP_ RATED	RESISTOR_ RATED	TRANSFOMER_ CT_ RATED	TRANSFOMER _ RATED
额定虚拟可变电容器	额定虚拟可变电感器		
VARIABLE_ CAPACITTOR_ RATED	VARIABLE_ INDUCTOR_ RATED		

（3）选中“三维虚拟元件（3D_ VIRTUAL）”，其“元件”栏下内容如表4.12所示。

表 4.12

三维虚拟 555 电路	三维虚拟 PNP 晶体管	三维虚拟 NPN 晶体管	三维虚拟 100uF 电容器
555TIMER_ 3D_ VIRTUAL	BJT_ PNP_ 3D_ VIRTUAL	BJT_ NPN_ 3D_ VIRTUAL	ACPACITOR_ 100Uf_ 3D_ VIRTUAL
三维虚拟 10uF 电容器	三维虚拟 100pF 电容器	三维虚拟同步十进制计数器	三维虚拟二极管
ACPACITOR_ 10Uf_ 3D_ VIRTUAL	ACPACITOR_ 100pF_ 3D_ VIRTUAL	COUNTOR_ 74LS160N_ 3D_ VIRTUAL	DIODE_ 3D_ VIRTUAL
三维虚拟竖直 1. 0uH 电感器	三维虚拟横卧 1. 0uH 电感器	三维虚拟红色发光二极管	三维虚拟黄色发光二极管
INDUCTOR1_ 1. 0uH_ 3D_ VIRTUAL	INDUCTOR2_ 1. 0uH_ 3D_ VIRTUAL	LED1_ RED_ 3D_ VIRTUAL	LED1_ YELLOW_ 3D_ VIRTUAL
三维虚拟绿色发光二极管	三维虚拟场效应管	三维虚拟电动机	三维虚拟运算放大器
LED1_ GREEN_ 3D_ VIRTUAL	MOSFET1_ 3TEN_ 3D_ VIRTUAL	MOTOR_ DC1_ 3D_ VIRTUAL	OPAMP_ 741_ 3D_ VIRTUAL
三维虚拟 5k 电位器	三维虚拟 4 -2 与非门	三维虚拟 1. 0k 电阻	三维虚拟 4. 7k 电阻
POTENEIOMETER1_ 5K_ 3D_ VIRTUAL	QUAD_ AND_ GATE_ 3D_ VIRTUAL	RESUSTER1_ 1. 0K_ 3D_ VIRTUAL	RESUSTER1_ 4. 7K_ 3D_ VIRTUAL

续表

三维虚拟680电阻	三维虚拟8位移位寄存器	三维虚拟推拉开关	
RESUSTER1_ 680_ 3D_ VIRTUAL	SHIFT_ REGSISTER_ 74LS165N_ 3D_ VIRTUAL	SWITCH1_ 3D_ VIRTUAL	

(4) 选中“电阻(RESISTOR)”，其“元件”栏下有从“1.0 Ω到22 MΩ”全系列电阻可供调用。

(5) 选中“贴片电阻(RESISTOR_ SMT)”，其“元件”栏中有从“0.05Ω到20.00MΩ”系列电阻可供调用。

(6) 选中“电阻器组件(RPACK)”，其“元件”栏中共有7种排阻可供调用。

(7) 选中“电位器(POTENTIOMETER)”，其“元件”栏下共有18种阻值电位器可供调用。

(8) 选中“电容器(CAPACITOR)”，其“元件”栏下有从“1.0 pF到10 μF”系列电容可供调用。

(9) 选中“电解电容器(CAP_ ELECTROLIT)”，其“元件”栏中有从“0.1 μF到10 F”系列电解电容器可供调用。

(10) 选中“贴片电容(CAPACITOR_ SMT)”，其“元件”栏中有从“0.5 pF到33 nF”系列电容可供调用。

(11) 选中“贴片电解电容(CAP_ ELECTROLIT_ SMT)”，其“元件”栏中有17种贴片电解电容可供调用。

(12) 选中“可变电容器(VARIABLE_ CAPACITOR)”，其“元件”栏中仅有30 pF、100 pF和350 pF三种可变电容器可供调用。

(13) 选中“电感器(INDUCTOR)”，其“元件”栏中有从“1.0 μH到9.1 H”全系列电感可供调用。

(14) 选中“贴片电感器(INDUCTOR_ SMT)”，其“元件”栏中有23种贴片电感可供调用。

(15) 选中“可变电感器(VARTABLE_ INDUCTOR)”，其“元件”栏中仅有三种可变电感器可供调用。

(16) 选中“开关(SWITCH)”，其“元件”栏下内容如表4.13所示。

表 4.13

电流控制开关	双列直插式开关 1	双列直插式开关 10	双列直插式开关 2
CURRENT_ CONTROLLED_ SWITCH	DIPSW1	DIPSW10	DIPSW2
双列直插式开关 3	双列直插式开关 4	双列直插式开关 5	双列直插式开关 6
DIPSW3	DIPSW4	DIPSW5	DIPSW6
双列直插式开关 7	双列直插式开关 8	双列直插式开关 9	按钮开关
DIPSW7	DIPSW8	DIPSW9	PB_ DPST
单刀单掷开关	单刀双掷开关	时间延时开关	电压控制开关
SPST	SPDT	TD_ SW1	VOLTAGE_ CONTROLLED_ SWITCH

（17）选中“变压器（TRANSFORMER）”，其“元件”栏中共有 20 种规格变压器可供调用。

（18）选中“非线性变压器（NON_ LINEAR_ TRANSFORMER）”，其“元件”栏中共有 10 种规格非线性变压器可供调用。

（19）选中“Z 负载（Z_ LOAD）”，其“元件”栏中共有 10 种规格负载阻抗可供调用。

（20）选中“继电器（RELAY）”，其“元件”栏中共有 96 种各种规格直流继电器可供调用。

（21）选中“连接器（CONNECTORS）”，其“元件”栏中共有 130 种各种规格连接器可供调用。

（22）选中“插座、管座（SOCKETS）”，其“元件”栏中共有 12 种各种规格插座可供调用。

4. 三极管

点击“放置三极管”按钮，弹出对话框的“系列”栏，内容如表 4.14 所示。

表 4.14

虚拟晶体管	双极结型 NPN 晶体管	双极结型 PNP 晶体管	NPN 型达林顿管
TRANSISTORS_ VIRTUAL	BJT_ NPN	BJT_ PNP	DARLINGTON_ NPN
PNP 型达林顿管	集成达林顿管阵列	带阻 NPN 晶体管	带阻 PNP 晶体管
DARLINGTON_ PNP	DARLINGTON_ ARRAY	BJT_ NRES	BJT_ PRES
双极结型晶体管阵列	MOS 门控开关管	N 沟道耗尽型 MOS 管	N 沟道增强型 MOS 管
BJT_ ARRAY	IGBT	MOS_ 3TDN	MOS_ 3TEN
P 沟道增强型 MOS 管	N 沟道耗尽型结型场效应管	P 沟道耗尽型结型场效应管	N 沟道 MOS 功率管
MOS_ 3TEP	JFET_ N	JFET_ P	POVER_ MOS_ N
P 沟道 MOS 功率管	MOS 功率对管	UHT 管	温度模型 NMOSFET 管
POVER_ MOS_ P	POVER_ MOS_ COMP	UJT	THERMAL_ MOOELS

（1）选中“虚拟晶体管（TRANSISTORS_ VIRTUAL）”，其“元件”栏中共有 16 种规格虚拟晶体管可供调用，其中包括 NPN 型、PNP 型晶体管、JFET 和 MOSFET 等。

（2）选中“双极型 NPN 型晶体管（BJT_ NPN）”，其“元件”栏中共有 658 种规格晶体管可供调用。

（3）选中“双极型 PNP 型晶体管（BJT_ PNP）”，其“元件”栏中共有 409 种规格晶体管可供调用。

（4）选中“达林顿 NPN 型晶体管（DARLINGTON_ NPN）”，其“元件”栏中有 46 种规格达林顿管可供调用。

（5）选中“达林顿 PNP 型晶体管（DARLINGTON_ PNP）”，其“元件”栏中有 13 种规格达林顿管可供调用。

（6）选中“集成达林顿管阵列（DARLINGTON_ ARRAY）”，其“元件”栏中有 8 种规格集成达林顿管可供调用。

（7）选中“带阻 NPN 型晶体管（BJT_ NRES）”，其“元件”栏中有 71 种规格带阻 NPN 型晶体管可供调用。

（8）选中“带阻 PNP 型晶体管（BJT_ PRES）”，其“元件”栏中有 29 种规格带阻 PNP 型晶体管可供调用。

（9）选中“双极结型晶体管阵列（BJT_ ARRAY）”，其“元件”栏中有 10 种规格晶体管阵列可供调用。

（10）选中“MOS 门控开关管（IGBT）”，其“元件”栏中有 98 种规格 MOS

门控制的功率开关可供调用。

（11）选中“N 沟道耗尽型 MOS 管（MOS_ 3TDN）”，其“元件”栏中有 9 种规格 MOSFET 管可供调用。

（12）选中“N 沟道增强型 MOS 管（MOS_ 3TEN）”，其“元件”栏中有 545 种规格 MOSFET 管可供调用。

（13）选中“P 沟道增强型 MOS 管（MOS_ 3TEP）”，其“元件”栏中有 157 种规格 MOSFET 管可供调用。

（14）选中“N 沟道耗尽型结型场效应管（JFET_ N）”，其“元件”栏中有 263 种规格 JFET 管可供调用。

（15）选中“P 沟道耗尽型结型场效应管（JFET_ P）”，其“元件”栏中有 26 种规格 JFET 管可供调用。

（16）选中“N 沟道 MOS 功率管（POWER_ MOS_ N）”，其“元件”栏中有 116 种规格 N 沟道 MOS 功率管可供调用。

（17）选中“P 沟道 MOS 功率管（POWER_ MOS_ P）”，其“元件”栏中有 38 种规格 P 沟道 MOS 功率管可供调用。

（18）选中“MOS 功率对管（POVER_ MOS_ COMP）”，其“元件”栏中有 46 种功率对管可供调用。

（19）选中“UJT 管（UJT）”，其“元件”栏中仅有 2 种规格 UJT 管可供调用。

（20）选中“带有热模型的 NMOSFET 管（THERMAL_ MODELS）”，其“元件”栏中仅有一种规格 NMOSFET 管可供调用。

5. 二极管

点击“放置二极管”按钮，弹出对话框的“系列”栏，内容如表 4.15 所示。

表 4.15

虚拟二极管	二极管	齐纳二极管	发光二极管
DIODES_ VIRTUAL	DIODE	ZENER	LED
二极管整流桥	肖特基二极管	单向晶体闸流管	双向二极管开关
FWB	SCHOTTKY_ DIODE	SCR	DIAC
双向晶体闸流管	变容二极管	PIN 结构二极管	
TRIAC	VARACTOR	PIN_ DIODE	

（1）选中“虚拟二极管元件（DIODES_ VIRTUAL）”，其“元件”栏中仅有

2种规格虚拟二极管元件可供调用，一种是普通虚拟二极管，另一种是齐纳击穿虚拟二极管。

（2）选中“二极管（DIODES）”，其“元件”栏中包括了国外许多公司提供的807种各种规格二极管可供调用。

（3）选中“齐纳二极管（即稳压管）（ZENER）”，其“元件”栏中包括了国外许多公司提供的1266种各种规格稳压管可供调用。

（4）选中“发光二极管（LED）”，其“元件”栏中有8种颜色的发光二极管可供调用。

（5）选中“二极管整流桥（FWB）”，其“元件”栏中有58种规格全波桥式整流器可供调用。

（6）选中“肖特基二极管（SCHOTTKY_ DIODE）”，其“元件”栏中有39种规格肖特基二极管可供调用。

（7）选中“单向晶体闸流管（SCR）”，其“元件”栏中共有276种规格单向晶体闸流管可供调用。

（8）选中“双向二极管开关（DIAC）”，其“元件”栏中共有11种规格双向开关二极管（相当于两只肖特基二极管并联）可供调用。

（9）选中“双向晶体闸流管（TRIAC）”，其“元件”栏中共有101种规格双向晶体闸流管可供调用。

（10）选中“变容二极管（VARACTOR）”，其“元件”栏中共有99种规格变容二极管可供调用。

（11）选中“PIN结构二极管（PIN_ DIODES）（即Positive - Intrinsic - Negative结二极管）”，其“元件”栏中共有19种规格PIN结二极管可供调用。

6. 晶体管 - 晶体管逻辑

点击“放置晶体管 - 晶体管逻辑（TTL）”按钮，弹出对话框的“系列”栏，内容如表4.16所示。

表4.16

74STD系列	74S系列	74LS系列	74F系列	74ALS系列	74AS系列
74STD	74S	74LS	74F	74ALS	74AS

（1）选中“74STD系列”，其“元件”栏中有126种规格数字集成电路可供调用。

（2）选中“74S系列”，其“元件”栏中有111种规格数字集成电路可供调用。

（3）选中“低功耗肖特基TTL型数字集成电路（74LS）”，其“元件”栏中有281种规格数字集成电路可供调用。

（4）选中“74F系列”，其“元件”栏中有185种规格数字集成电路可供调用。

（5）选中“74ALS系列”，其“元件”栏中有92种规格数字集成电路可供调用。

（6）选中“74AS系列”，其“元件”栏中有50种规格数字集成电路可供调用。

7. 互补金属氧化物半导体

点击“放置互补金属氧化物半导体（CMOS）”按钮，弹出对话框的“系列”栏，内容如表4.17所示。

表4.17

COMS_ 5V系列	74HC_ 2V系列	COMS_ 10V系列	74HC_ 4V系列
COMS_ 5V	74HC_ 2V	COMS_ 10V	74HC_ 4V
COMS_ 15V系列	74HC_ 6V系列	TinyLogic_ 2V系列	TinyLogic_ 3V系列
COMS_ 15V	74HC_ 6V	TinyLogic_ 2V	TinyLogic_ 3V
TinyLogic_ 4V系列	TinyLogic_ 5V系列	TinyLogic_ 6V系列	
TinyLogic_ 4V	TinyLogic_ 5V	TinyLogic_ 6V	

（1）选中“CMOS_ 5V系列”，其“元件”栏中有265种数字集成电路可供调用。

（2）选中“74HC_ 2V系列”，其“元件”栏中有176种数字集成电路可供调用。

（3）选中“CMOS_ 10V系列”，其“元件”栏中有265种数字集成电路可供调用。

（4）选中“74HC_ 4V系列”，其“元件”栏中有126种数字集成电路可供调用。

（5）选中“CMOS_ 15V系列”，其“元件”栏中有172种数字集成电路可供调用。

（6）选中“74HC_ 6V系列”，其“元件”栏中有176种数字集成电路可供调用。

（7）选中“TinyLogic_ 2V系列”，其“元件”栏中有18种数字集成电路可供调用。

（8）选中“TinyLogic_ 3V 系列”，其“元件”栏中有 18 种数字集成电路可供调用。

（9）选中“TinyLogic_ 4V 系列”，其“元件”栏中有 18 种数字集成电路可供调用。

（10）选中“TinyLogic_ 5V 系列”，其“元件”栏中有 24 种数字集成电路可供调用。

（11）选中“TinyLogic_ 6V 系列”，其“元件”栏中有 7 种数字集成电路可供调用。

8. 机电元件

点击“放置机电元件”按钮，弹出对话框的“系列”栏，内容如表 4.18 所示。

表 4.18

检测开关	瞬时开关	交互式开关	定时接触器
SENSING_ SWITCHES	MOMENTARY_ SWITCHES	SUPPLEMENTARY_ SWITCHES	TIMED_ CONTACTS
线圈和继电器	线性变压器	保护装置	输出设备
COILS_ RELAYS	LINE_ TRANSFOREMER	PROTECTION_ DEVICES	OUTPUT_ DEVICES

（1）选中“检测开关（SENSING_ SWITCHES）”，其“元件”栏中有 17 种开关可供调用，并可用键盘上的相关键来控制开关的开或合。

（2）选中“瞬时开关（MOMENTARY_ SWITCHES）”，其“元件”栏中有 6 种开关可供调用，动作后会很快恢复原来状态。

（3）选中“交互式开关（SUPPLEMENTARY_ SWITCHES）”，其“元件”栏中有 21 种接触器可供调用。

（4）选中“定时接触器（TIMED_ CONTACTS）”，其“元件”栏中有 4 种定时接触器可供调用。

（5）选中“线圈与继电器（COILS_ RELAYS）”，其“元件”栏中有 55 种线圈与继电器可供调用。

（6）选中“线性变压器（LINE_ TRANSFORMER）”，其“元件”栏中有 11 种线性变压器可供调用。

（7）选中“保护装置（PROTECTION_ DEVICES）”，其“元件”栏中有 4 种保护装置可供调用。

（8）选中“输出设备（OUTPUT_ DEVICES）”，其“元件”栏中有 6 种输

出设备可供调用

9. 指示器

点击“放置指示器”按钮，弹出对话框的“系列”栏，内容如表 4.19 所示。

表 4.19

电压表	电流表	探针	蜂鸣器	灯泡	虚拟灯泡	十六进制显示器	条形光柱
VOLTMETER	AMMETER	PROBE	BUZZER	LAMP	VIRTUAL_ LAMP	HEX_ DISFLAY	BARGRAPH

（1）选中“电压表（VOLTMETER）”，其“元件”栏中有 4 种不同形式的电压表可供调用。

（2）选中“电流表（AMMETER）”，其“元件”栏中也有 4 种不同形式的电流表可供调用。

（3）选中“探针（PROBE）”，其“元件”栏中有 5 种颜色的探测器可供调用。

（4）选中“蜂鸣器（BUZZER）”，其“元件”栏中仅有 2 种蜂鸣器可供调用。

（5）选中“灯泡（LAMP）”，其“元件”栏中有 9 种不同功率的灯泡可供调用。

（6）选中“虚拟灯泡（VIRTUAL_ LAMP）”，其“元件”栏中只有 1 种虚拟灯泡可供调用。

（7）选中“十六进制显示器（HEX_ DISPLAY）”，其“元件”栏中有 33 种十六进制显示器可供调用。

（8）选中“条形光柱（BARGRAPH）”，其“元件”栏中仅有 3 种条形光柱可供调用。

10. 杂项元件

点击“放置杂项元件”按钮，弹出对话框的“系列”栏，内容如表 4.20 所示。

表 4.20

其他虚拟元件	传感器	光电三极管型光耦合器	晶振
MISI_ VIRTUAL	TRANSDULERS	OPTOCOUPLER	CRYSTAL
真空电子管	熔丝管	三端稳压器	基准电压器件
VACUUM_ TUBE	FUSE	VOLTAGE_ REGULATOR	VOLTAGE_ REFERENCE
电压干扰抑制器	降压变换器	升压变换器	降压/升压变换器
VOLTAGE_ SUPPRESSOR	BUCK_ CONVERTER	BOOST_ CONVERTER	BUCK_ BOOST_ CONVERTER
有损耗传输线	无损耗传输线 1	无损耗传输线 2	滤波器
LOSSY_ TRANSMISSION_ LINE	LOSSIESS_ LINE_ TYPE1	LOSSIESS_ LINE_ TYPE2	FILTERS
场效应管驱动器	电源功率控制器	混合电源功率控制器	脉宽调制控制
MOSFET_ DRIVER	POWER_ SUPPLY_ CONTROLLER	MISCPOWER	PWM_ CONTROLLER
网络	其他元件		
NET	MISC		

（1）选中“其他虚拟元件（MISC_ VIRTUAL）”，其“元件”栏内容如表 4.21 所示。

表 4.21

虚拟晶振	虚拟熔丝	虚拟电机	虚拟光耦合器	虚拟电子真空管
CRYSTAL_ VIRTUAL	FUSE_ VIRTUAL	MOTOR_ VIRTUAL	OPTOCOUPLER_ VIRTUAL	TRIODE_ VIRTUAL

（2）选中“传感器（TRANSDUCERS）”，其“元件”栏中有 70 种传感器可供调用。

（3）选中“光电三极管型光耦合器（OPTOCOUPLER）”，其“元件”栏中有 82 种传感器可供调用。

（4）选中“晶振（CRYSTAL）”，其“元件”栏中有 18 种不同频率的晶振可供调用。

（5）选中“真空电子管（VACUUM_ TUBE）”，其“元件”栏中有 22 种电子管可供调用。

（6）选中“熔丝管（FUSE）”，其“元件”栏中有 13 种不同电流的熔丝可供调用。

（7）选中“三端稳压器（VOLTAGE_ REGULATOR）”，其“元件”栏中有158种不同稳压值的三端稳压器可供调用。

（8）选中“基准电压器件（VOLTAGE_ REFERENCE）”，其“元件”栏中有106种基准电压组件可供调用。

（9）选中“电压干扰抑制器（VOLTAGE_ SUPPRESSOR）”，其“元件”栏中有118种电压干扰抑制器可供调用。

（10）选中“降压变换器（BUCK_ CONVERTER）”，其“元件”栏中只有1种降压变压器可供调用。

（11）选中“升压变换器（BOOST_ CONVERTER）”，其“元件”栏中也只有1种升压变压器可供调用。

（12）选中“降压/升压变换器（BUCK_ BOOST_ CONVERTER）”，其“元件”栏中有2种降压/升压变压器可供调用。

（13）选中“有损耗传输线（LOSSY_ TRANSMISSION_ LINE）”、“无损耗传输线子1（LOSSLESS _ LINE_ TYPE1）”和“无损耗传输线2（LOSSLESS _ LINE_ TYPE2）”，其“元件”栏中都只有1个品种可供调用。

（14）选中“滤波器（FILTERS）”，其“元件”栏中有34种滤波器可供调用。

（15）选中“场效应管驱动器（MOSFET_ DRIVER）”，其“元件”栏中有29种场效应管驱动器可供调用。

（16）选中“电源功率控制器（POWER_ SUPPLY_ CONTROLLER）”，其“元件”栏中有3种电源功率控制器可供调用。

（17）选中“混合电源功率控制器（MISCPOWER）”，其“元件”栏中有32种混合电源功率控制器可供调用。

（18）选中“脉宽调制控制（PWM_ CONTROLLER）”，其“元件”栏中有5种调制控制方式可供调用。

（19）选中“网络（NET）”，其“元件”栏中有11个品种可供调用。

（20）选中“其他元件（MISC）”，其“元件”栏中有14个品种可供调用。

11. 杂项数字电路

点击“放置杂项数字电路”按钮，弹出对话框的“系列”栏，内容如表4.22所示。

表 4. 22

TTL 系列器件	数字信号处理器件	现场可编程器件	可编程逻辑器件	复杂可编程逻辑电路
TTL	DSP	FPGA	PLD	CPLD
微处理控制器	微处理器	用 VHDL 语言编程器件	用 Verilog HDL 语言编程器件	存储器
MICROCONTRO-LLERS	MICROPRO-CESSORS	VHDL	VERILOG_ HDL	MEMORY
线路驱动器件	线路接收器件	无线电收发器件		
LINE_ DRIVER	LINE_ RECEIVER	LINE_ TRANSCEIVER		

（1）选中“TIL 系列器件（TIL）”，其“元件”栏中有 103 个品种可供调用。

（2）选中“数字信号处理器件（DSP）”，其“元件”栏中有 117 个品种可供调用。

（3）选中“现场可编程器件（FPGA）”，其“元件”栏中有 83 个品种可供调用。

（4）选中“可编程逻辑电路（PLD）”，其“元件”栏中有 30 个品种可供调用。

（5）选中“复杂可编程逻辑电路（CPLD）”，其“元件”栏中有 20 个品种可供调用。

（6）选中“微处理控制器（MICROCONTROLLERS）”，其“元件”栏中有 70 个品种可供调用。

（7）选中“微处理器（MICROPROCESSORS）”，其“元件”栏中有 60 个品种可供调用。

（8）选中“用 VHDL 语言编程器件（VHDL）”，其“元件”栏中有 119 个品种可供调用。

（9）选中“用 Verilog HDL 语言编程器件（VERILOG_ HDL）”，其“元件”栏中有 10 个品种可供调用。

（10）选中“存储器（MEMORY）”，其“元件”栏中有 87 个品种可供调用。

（11）选中“线路驱动器件（LINE_ DRIVER）”，其“元件”栏中有 16 个品种可供调用。

（12）选中“线路接收器件（LINE_ RECEIVER）”，其“元件”栏中有 20

个品种可供调用。

（13）选中“无线电收发器件（LINE_ TRANSCEIVER）”，其“元件”栏中有150个品种可供调用。

12. 混合杂项元件

点击“放置混合杂项元件”按钮，弹出对话框的“系列”栏，内容如表4.23所示。

表4.23

混合虚拟器件	555定时器	AD/DA转换器	模拟开关	多谐振荡器
MIXED_ VIRTUAL	TIMER	ADC_ DAC	ANALOG_ SWITCH	MULTIVIBRATORS

（1）选中“混合虚拟器件（MIXED_ VIRTUAL）”，其“元件”栏，内容如表4.24所示。

表4.24

虚拟555电路	虚拟模拟开关	虚拟频率分配器	虚拟单稳态触发器	虚拟锁相环
555_ VTRTUAL	ANALOG_ SWTICH_ VTRTUAL	FREQ_ DIVIDER_ VTRTUAL	MONDSTABLE_ VTRTUAL	PLL_ VTRTUAL

（2）选中“555定时器（TIMER）”，其“元件”栏中有8种LM555电路可供调用。

（3）选中“AD/DA转换器（ADC_ DAC）”，其“元件”栏中有39种转换器可供调用。

（4）选中“模拟开关（ANALOG_ SWITCH）”，其“元件”栏中有127种模拟开关可供调用。

（5）选中“多谐振荡器（MULTIVIBRATORS）”，其“元件”栏中有8种振荡器可供调用。

13. 射频元件

点击“放置射频元件”按钮，弹出对话框的“系列”栏，内容如表4.25所示。

表 4.25

射频电容器	射频电感器	射频双极结型 NPN 管	射频双极结型 PNP 管
RF_ CAPACITOR	RF_ INDUCTOR	RF_ BJT_ NPN	RF_ BJT_ PNP
射频 N 沟道耗尽型 MOS 管	射频隧道二极管	射频传输线	
RF_ MOS_ 3TDN	TUNMEL_ DIODE	STRIP_ LINE	

（1）选中“射频电容器（RF_ CAPACITOR）”和“射频电感器（RF_ INDUCTOR）”，其“元件”栏中都只有 1 个品种可供调用。

（2）选中“射频双极结型 NPN 管（RF_ BJT_ NPN）”，其“元件”栏中有 84 种 NPN 管可供调用。

（3）选中“射频双极结型 PNP 管（RF_ BJT_ PNP）”，其“元件”栏中有 7 种 PNP 管可供调用。

（4）选中“射频 N 沟道耗尽型 MOS 管（RF_ MOS_ 3TDN）”，其“元件”栏中有 30 种射频 MOSFET 管可供调用。

（5）选中“射频隧道二极管（TUNNEL_ DIODE）”，其“元件”栏中有 10 种射频隧道二极管可供调用。

（6）选中“射频传输线（STRIP_ LINE）”，其“元件”栏中有 6 种射频传输线可供调用。

至此，电子仿真软件 Multisim 10 的元件库及元器件全部介绍完毕，对读者在创建仿真电路寻找元件时有一定的帮助。这里还有几点说明：

（1）关于虚拟元件，这里指的是现实中不存在的元件，也可以理解为元件参数可以任意修改和设置的元件。比如要一个 1.034 Ω 电阻、2.3 μF 电容等不规范的特殊元件，就可以选择虚拟元件通过设置参数达到；但仿真电路中的虚拟元件不能链接到制版软件 Ultiboard 8.0 的 PCB 文件中进行制版，这一点不同于其他元件。

（2）与虚拟元件相对应，我们把现实中可以找到的元件称为真实元件或现实元件。比如电阻的“元件”栏中就列出了从 1.0 Ω 到 22 MΩ 的全系列现实中可以找到的电阻。现实电阻只能调用，而不能修改它们的参数（极个别参数可以修改，如晶体管的 β 值）。凡仿真电路中的真实元件都可以自动链接到 Ultiboard 8.0 中进行制版。

（3）电源虽列在现实元件栏中，但它属于虚拟元件，可以任意修改和设置它的参数；电源和地线也都不会进入 Ultiboard 8.0 的 PCB 界面进行制版。

（4）关于额定元件，是指允许通过的电流、电压、功率等的最大值都是有限制的，超过它们的额定值，该元件将被击穿和烧毁。其他元件都是理想元件，没有定额限制。

（5）关于三维元件，电子仿真软件 Multisim 10 中有 23 个品种，且其参数不能修改，只能搭建一些简单的演示电路，但它们可以与其他元件混合组建仿真电路。

4.4 Multisim 界面菜单工具栏介绍

软件以图形界面为主，采用菜单、工具栏和热键相结合的方式，具有一般 Windows 应用软件的界面风格，用户可以根据自己的习惯和熟悉程度自如操作。

4.4.1 菜单栏简介

菜单栏位于界面的上方，通过菜单可以对 Multisim 的所有功能进行操作。

不难看出菜单中有一些与大多数 Windows 平台上的应用软件一致的功能选项，如 File，Edit，View，Options，Help。此外，还有一些 EDA 软件专用的选项，如 Place，Simulation，Transfer 以及 Tool 等。

1. File

File 菜单中包含了对文件和项目的基本操作以及打印等命令。

New　建立新文件

Open　打开文件

Close　关闭当前文件

Save　保存

Save As　另存为

New Project　建立新项目

Open Project　打开项目

Save Project　保存当前项目

Close Project　关闭项目

Version Control　版本管理

Print Circuit　打印电路

Print Report　打印报表

Print Instrument　打印仪表

Recent Files　最近编辑过的文件

Recent Project　　最近编辑过的项目

Exit　　退出 Multisim

2. Edit

Edit 命令提供了类似于图形编辑软件的基本编辑功能，用于对电路图进行编辑。

Undo　　撤销编辑

Cut　　剪切

Copy　　复制

Paste　　粘贴

Delete　　删除

Select All　　全选

Flip Horizontal　　将所选的元件左右翻转

Flip Vertical　　将所选的元件上下翻转

90 ClockWise　　将所选的元件顺时针 90 度旋转

90 ClockWiseCW　　将所选的元件逆时针 90 度旋转

Component Properties　　元器件属性

3. View

通过 View 菜单可以决定使用软件时的视图，对一些工具栏和窗口进行控制。

Toolbars　　显示工具栏

Component Bars　　显示元器件栏

Status Bars　　显示状态栏

Show Simulation Error Log/Audit Trail　　显示仿真错误记录信息窗口

Show Xspice Command Line Interface　　显示 Xspice 命令窗口

Show Grapher　　显示波形窗口

Show Simulate Switch　　显示仿真开关

Show Grid　　显示栅格

Show Page Bounds　　显示页边界

Show Title Block and Border　　显示标题栏和图框

Zoom In　　放大显示

Zoom Out　　缩小显示

Find　　查找

4. Place

通过 Place 命令输入电路图。

Place Component　　放置元器件

Place Junction　　放置连接点

Place Bus　　放置总线

Place Input/Output　　放置输入/输出接口

Place Hierarchical Block　　放置层次模块

Place Text　　放置文字

Place Text Description Box　　打开电路图描述窗口，编辑电路图描述文字

Replace Component　　重新选择元器件替代当前选中的元器件

Place as Subcircuit　　放置子电路

Replace by Subcircuit　　重新选择子电路替代当前选中的子电路

5. Simulate

通过 Simulate 菜单执行仿真分析命令。

Run　　执行仿真

Pause　　暂停仿真

Default Instrument Settings　　设置仪表的预置值

Digital Simulation Settings　　设定数字仿真参数

Instruments　　选用仪表（也可通过工具栏选择）

Analyses　　选用各项分析功能

Postprocess　　启用后处理

VHDL Simulation　进行 VHDL 仿真

Auto Fault Option　　自动设置故障选项

Global Component Tolerances　　设置所有器件的误差

6. Transfer

Transfer 菜单提供的命令可以完成 Multisim 对其他 EDA 软件需要的文件格式的输出。

Transfer to Ultiboard　　将所设计的电路图转换为 Ultiboard（Multisim 中的电路板设计软件）的文件格式

Transfer to other PCB Layout　　将所设计的电路图转换为其他电路板设计软件所支持的文件格式

Backannotate From Ultiboard　　将在 Ultiboard 中所作的修改标记到正在编辑的电路中

Export Simulation Results to MathCAD　　将仿真结果输出到 MathCAD

Export Simulation Results to Excel　　将仿真结果输出到 Excel

Export Netlist　　输出电路网表文件

7. Tools

Tools 菜单主要针对元器件的编辑与管理的命令。

Create Components　新建元器件

Edit Components　编辑元器件

Copy Components　复制元器件

Delete Component　删除元器件

Database Management　启动元器件数据库管理器，进行数据库的编辑管理工作

Update Component　更新元器件

8. Options

通过 Option 菜单可以对软件的运行环境进行定制和设置。

Preference　设置操作环境

Modify Title Block　编辑标题栏

Simplified Version　设置简化版本

Global Restrictions　设定软件整体环境参数

Circuit Restrictions　设定编辑电路的环境参数

9. Help

Help 菜单提供了对 Multisim 的在线帮助和辅助说明。

Multisim Help　Multisim 的在线帮助

Multisim Reference　Multisim 的参考文献

Release Note　Multisim 的发行申明

About Multisim　Multisim 的版本说明

4.4.2　工具栏简介

Multisim 10 提供了多种工具栏，并以层次化的模式加以管理，用户可以通过 View 菜单中的选项方便地将顶层的工具栏打开或关闭，再通过顶层工具栏中的按钮来管理和控制下层的工具栏。通过工具栏，用户可以方便直接地使用软件的各项功能。

顶层的工具栏有：Standard 工具栏、Design 工具栏、Zoom 工具栏、Simulation 工具栏。

（1）Standard 工具栏包含了常见的文件操作和编辑操作。

（2）Design 工具栏是 Multisim 的核心工具栏，通过对该工作栏按钮的操作可以完成对电路从设计到分析的全部工作。其中的按钮可以直接控制（开或关）

下层的工具栏：Component 中的 Multisim Master 工具栏、Instrument 工具栏。

① 作为元器件（Component）工具栏中的一项，可以在 Design 工具栏中通过按钮来开关 Multisim Master 工具栏。该工具栏有 14 个按钮，每一个按钮都对应一类元器件，其分类方式和 Multisim 元器件数据库中的分类相对应，通过按钮上图标就可大致清楚该类元器件的类型。

这个工具栏作为元器件的顶层工具栏，每一个按钮又可以开关下层的工具栏，下层工具栏是对该类元器件更细致的分类工具栏。以第一个按钮为例，通过这个按钮可以开关电源和信号源类的 Sources 工具栏。

② Instruments 工具栏集中了 Multisim 为用户提供的所有虚拟仪器仪表，用户可以通过按钮选择自己需要的仪器对电路进行观测。

（3）用户可以通过 Zoom 工具栏方便地调整所编辑电路的视图大小。

（4）Simulation 工具栏可以控制电路仿真的开始、结束和暂停。

Multisim 虚拟仪器及其使用说明

对电路进行仿真运行，通过对运行结果的分析，判断设计是否正确合理，是 EDA 软件的一项主要功能。为此，Multisim 为用户提供了类型丰富的虚拟仪器，可以从 Design 工具栏下 Instruments 工具栏或用菜单命令（Simulation/ instrument）选用这 11 种仪表。在选用后，各种虚拟仪表都以面板的方式显示在电路中。

下面将 11 种虚拟仪器的名称及表示方法总结如下：

Multimeter　万用表
Function Generator　波形发生器
Wattermeter　瓦特表
Oscilloscape　示波器
Bode Plotter　波特图图示仪
Word Generator　字元发生器
Logic Analyzer　逻辑分析仪
Logic Converter　逻辑转换仪
Distortion Analyzer　失真度分析仪
Spectrum Analyzer　频谱仪
Network Analyzer　网络分析仪

4.5 Multisim 的实际应用

1. 打开 Multisim 10 设计界面

选择：文件－新建－原理图，即弹出一个新的电路图编辑窗口，同时工程栏出现一个新的名称。单击“保存”，命名将该文件保存到指定文件夹下。

这里需要说明的是：

（1）文件的名字要能体现电路的功能，要让设计者看到该文件名能一下子想起该文件实现了什么功能。

（2）在电路图的编辑和仿真过程中，要养成随时保存文件的习惯，以免由于没有及时保存而导致文件的丢失或损坏。

（3）文件的保存位置，最好用一个专门的文件夹来保存所有基于 Multisim 10 的文件，这样便于管理。

2. 熟悉元件

在绘制电路图之前，需要先熟悉一下元件栏和仪器栏的内容，看看 Multisim 10 都提供了哪些电路元件和仪器，直接把鼠标放到元件栏和仪器栏相应的位置，系统会自动弹出元件或仪表的类型。

3. 放置电源

点击元件栏的放置信号源选项，出现如图 4.4 所示的对话框。

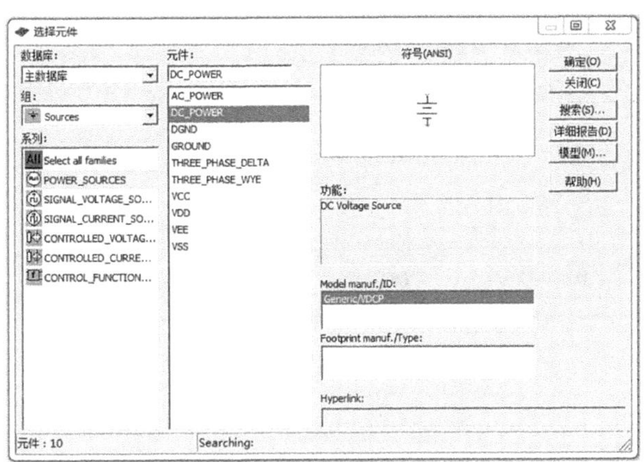

图 4.4 放置信号源

（1）“数据库”选项，选择“主数据库”。

（2）“组”选项里选择“sources”。

（3）“系列”选项里选择“POWER_ SOURCES”。

（4）“元件”选项里，选择“DC_ POWER”。

（5）右边的“符号”“功能”等对话框里，会根据所选项目，列出相应的说明。

4. 编辑电源

选择好电源符号后，点击“确定”按钮，移动鼠标到电路编辑窗口，选择放置位置后，点击鼠标左键即可将电源符号放置于电路编辑窗口中，放置完成后，还会弹出元件选择对话框，可以继续放置，点击“关闭”按钮可以取消放置。

5. 修改电源

一般情况，放置的电源符号显示的是12 V。若需修改则双击该电源符号，出现如图4.5所示的属性对话框，在该对话框里，可以更改该元件的属性。这里，可将电压改为3 V，还可以更改元件的序号引脚等属性。

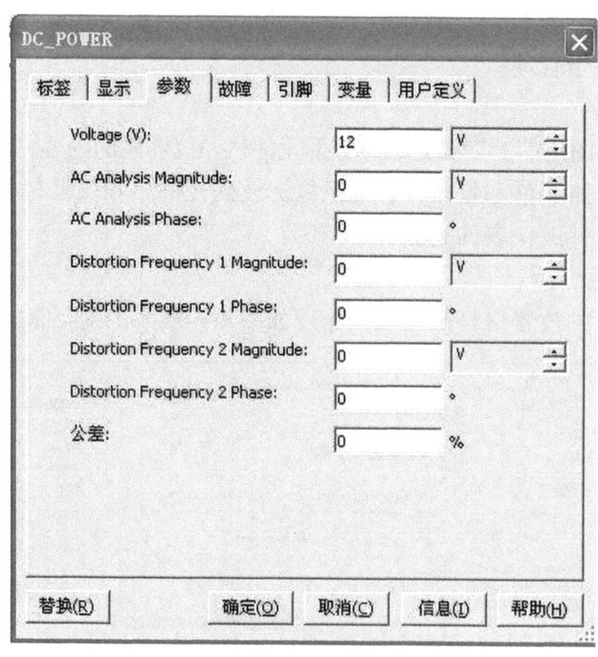

图4.5 属性对话框

6. 放置电阻

点击“放置基础元件”，弹出如图4.6所示对话框，

（1）“数据库”选项，选择“主数据库”。

（2）“组”选项中选择“Basic”。

（3）“系列”选项里选择“RESISTOR”。

（4）“元件”选项中，选择“20k”。

（5）右边的“符号”“功能”等对话框里，会根据所选项目，列出相应的说明。

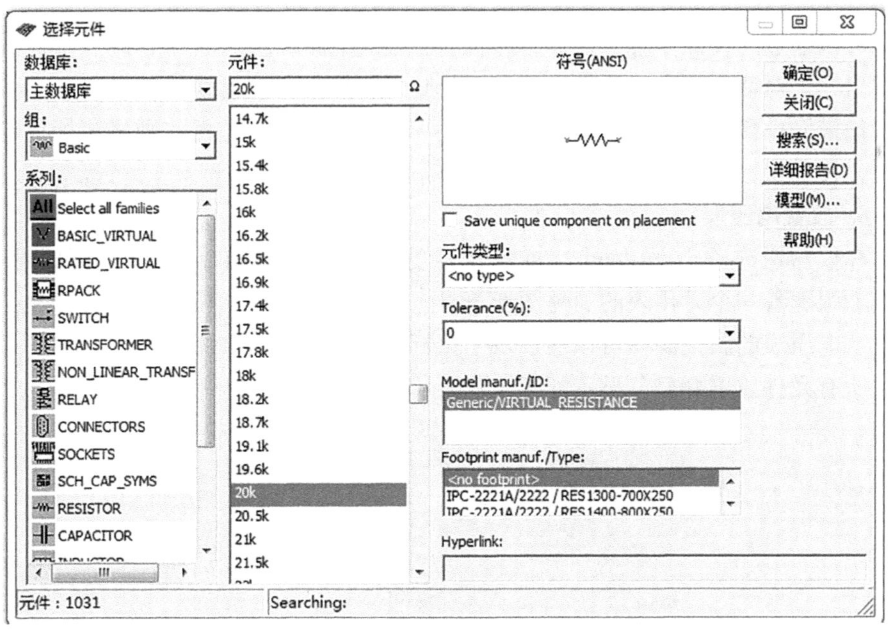

图 4.6　放置基础元件

按上述方法，再放置一个 10 kΩ 的电阻和一个 100 kΩ 的可调电阻。放置完毕后，如图 4.7 所示。

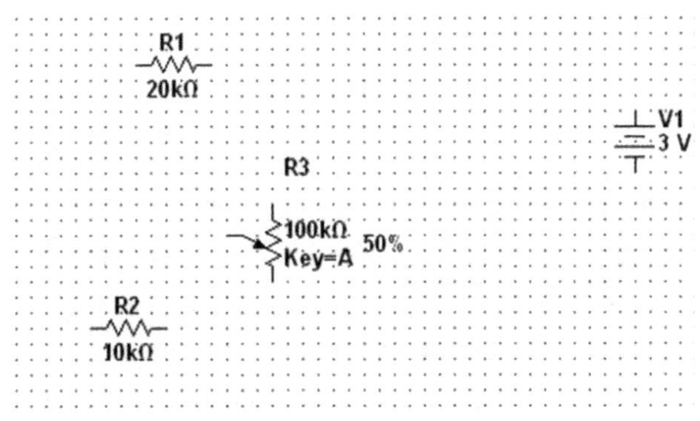

图 4.7　放置元件

7. 修改电阻

放置后的元件都按照默认的摆放情况被放置在编辑窗口中。例如电阻默认是横着摆放的，但实际在绘制电路过程中，各种元件的摆放情况是不一样的，那该怎样操作呢?

可以通过这样的步骤来操作，将鼠标放在电阻 R1 上，然后右键点击，这时会弹出一个对话框，在对话框中可以选择让元件顺时针或者逆时针旋转 90°。

如果元件摆放的位置不合适，想移动一下元件的摆放位置，则将鼠标放在元件上，按住鼠标左键，即可拖动元件到合适位置。

8. 放置电压表

在仪器栏选择“万用表”，将鼠标移动到电路编辑窗口内，这时可以看到，鼠标上跟随着一个万用表的简易图形符号。点击鼠标左键，将电压表放置在合适位置。电压表的属性同样可以通过双击鼠标左键进行查看和修改。

所有元件放置好后，显示如图 4. 8 所示。

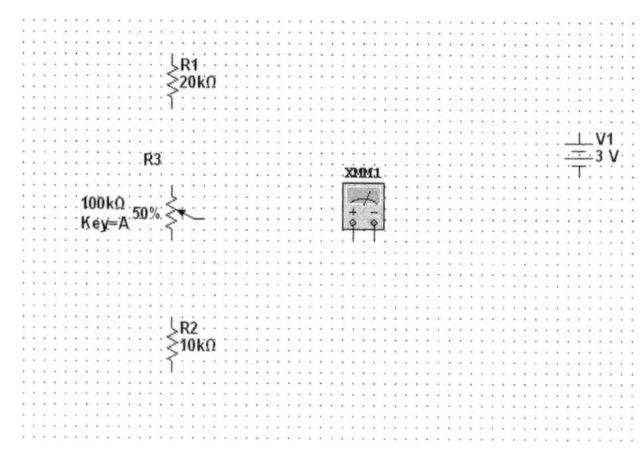

图 4. 8 放置电压表

9. 连线

将鼠标移动到电源的正极，当鼠标指针变成✦时，表示导线已经和正极连接起来了，单击鼠标将该连接点固定，然后移动鼠标到电阻 R1 的一端，当出现小红点时，表示导线已正确连接到 R1 了，单击鼠标左键固定，这样一根导线就连接好了，如图 4. 9 所示。如果想要删除这根导线，将鼠标移动到该导线的任意位置，点击鼠标右键，选择“删除”即可将该导线删除。或者选中导线，直接按“delete”键删除。

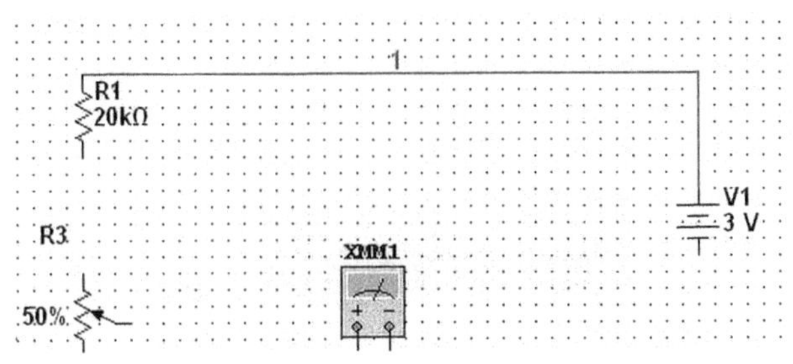

图 4.9 连线操作

10. 放置公共地线

按照前面第 3 步的方法，放置一个公共地线，然后如图 4.10 所示，将各连线连接好。

注意：在电路图的绘制中，公共地线是必需的。

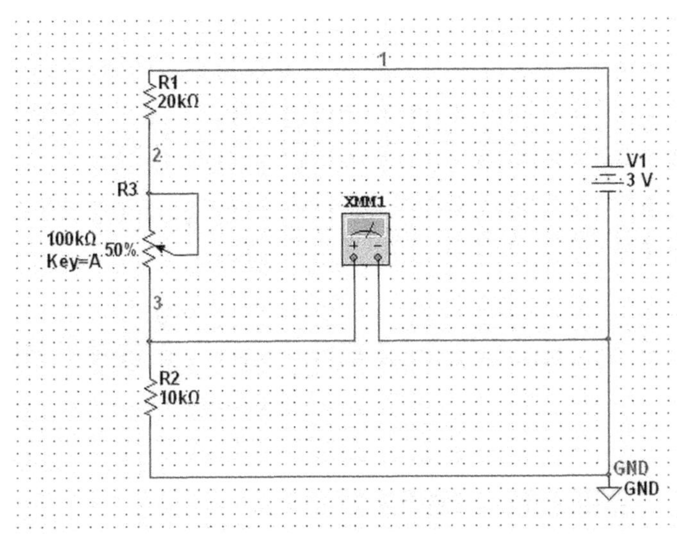

图 4.10 完成连线

11. 仿真

电路连接完毕，检查无误后，就可以进行仿真了。点击仿真栏中的绿色开始按钮▶，电路进入仿真状态。双击图中的万用表符号，即弹出如图 4.11 所示的对话框，在这里显示了电阻 R2 上的电压。对于显示的电压值是否正确，我们可以验算一下：根据电路图可知，R2 上的电压值应等于：（电源电压 × R2 的阻值）/（R1、R2、R3 的阻值之和）。则计算如下：（3.0 × 10 × 1000）/［（10 + 20 + 50） × 1000］ = 0.375 V，经验证电压表显示的电压正确。R3 的阻值是如何得来的呢？从图 4. 10 中可以看出，R3 是一个 100 kΩ 的可调电阻，其调节百分比为 50%，则在这个电路中，R3 的阻值为 50 kΩ。

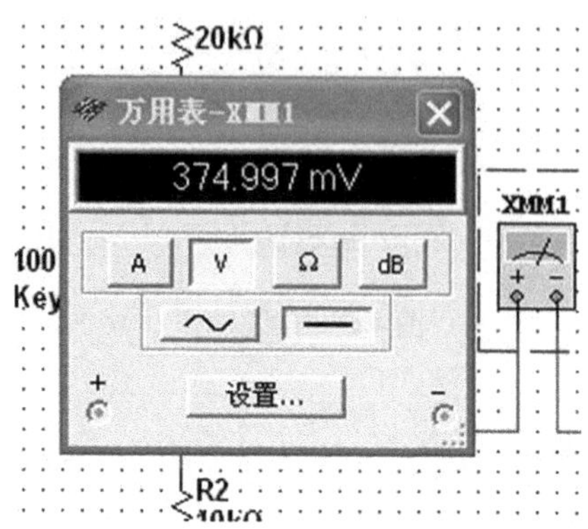

图 4. 11　仿真状态万用表

12. 验证

关闭仿真，改变 R2 的阻值，按照第 12 步的步骤再次观察 R2 上的电压值，会发现随着 R2 阻值的变化，其电压值也随之变化。注意：在改变 R2 阻值的时候，最好关闭仿真。千万注意：一定要及时保存文件。

通过上述步骤大致熟悉了如何利用 Multisim 10 来进行电路仿真，以后就可以利用电路仿真来验证模拟电路和数字电路了。

4. 6　利用 Multisim 进行电阻、电容、电感的电原理分析

4.6.1　电阻的分压、限流演示

电阻的作用主要是分压、限流，现在利用 Multisim 对这些特性进行演示和验证。

1. 电阻的分压特性演示

首先创建一个如图 4. 12 所示的电路。

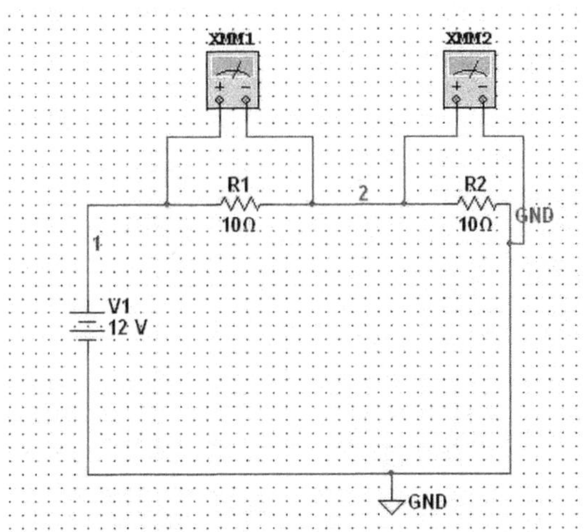

图 4.12 分压特性演示

打开仿真，我们来观察一下两个电压表各自测得的电压值，如图 4.13 所示。可以看到，两个电压表测得的电压都是 6 V，根据这个电路的原理，可以计算出电阻 R1 和 R2 上的电压均为 6 V。在这个电路中，电源和两个电阻构成了一个回路，根据电阻分压原理，电源的电压被两个电阻分担了，根据两个电阻的阻值，可以计算出每个电阻上分担的电压是多少。

同理，我们可以改变这两个电阻的阻值，进一步验证电阻分压特性。

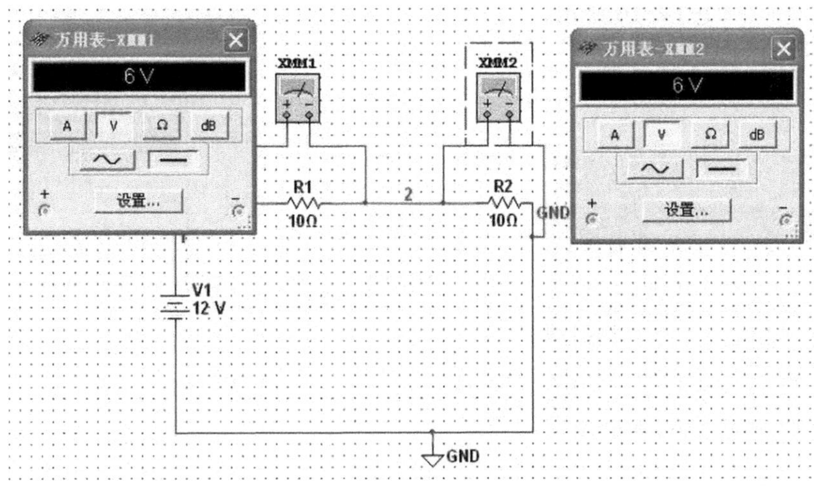

图 4.13 电压表测量

2. 电阻的限流特性演示

创建如图 4. 14 所示的电路。

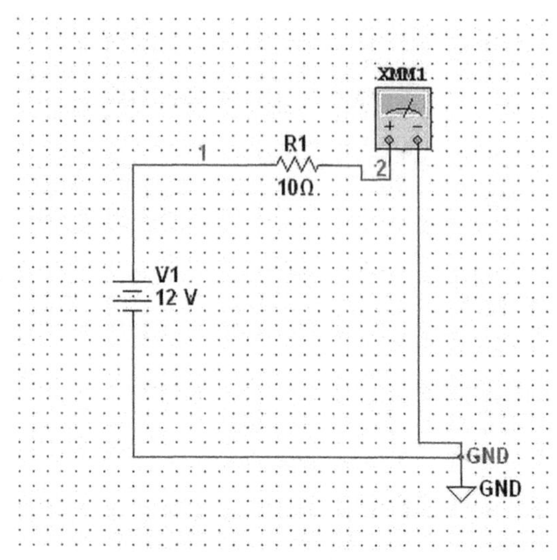

图 4. 14 限流特性演示

这时需要将万用表作为电流表使用，双击万用表，弹出万用表的属性对话框，如图 4. 15 所示，点击按钮“A”，这时万用表相当于被拨到了直流电流挡。

开始仿真：双击万用表，弹出电流值显示对话框，在这里可以查看电阻 R1 上的电流值，如图 4. 16 所示。

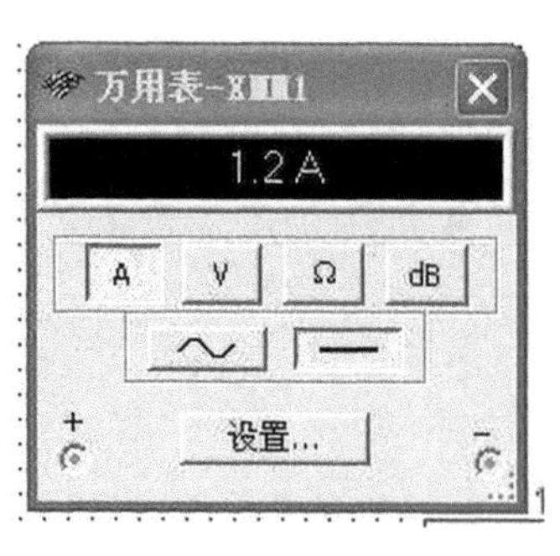

图 4. 15 万用表电流挡

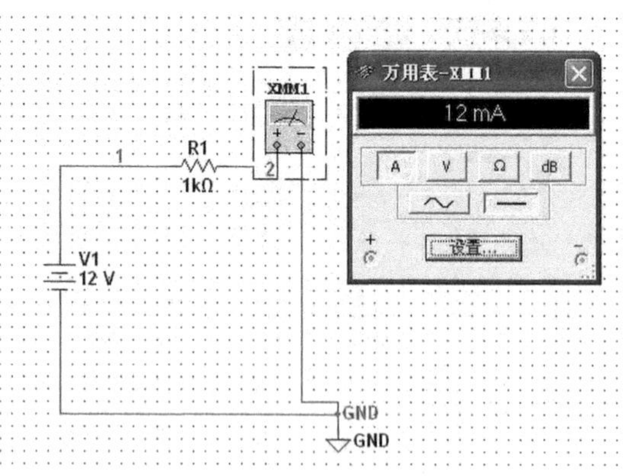

图 4. 16 仿真运行

关闭仿真，修改电阻 R1 的阻值为 1 kΩ，再打开仿真，观察电流的变化情况，我们可以看到电流发生了变化。根据电阻值大小的不同，电流大小也相应地发生变化，如图 4.16 所示，从而验证了电阻的限流特性。

4.6.2　电容的隔直流通交流特性演示与验证

电容的特性是隔直流、通交流，也就是说电容两端只允许交流信号通过，直流信号是不能通过电容的。

1. 电容的隔直流的特性演示和验证

创建电路如图 4.17 所示，在这个电路中，将直流电源加到电容的两端，通过示波器观察电路中的电压变化。

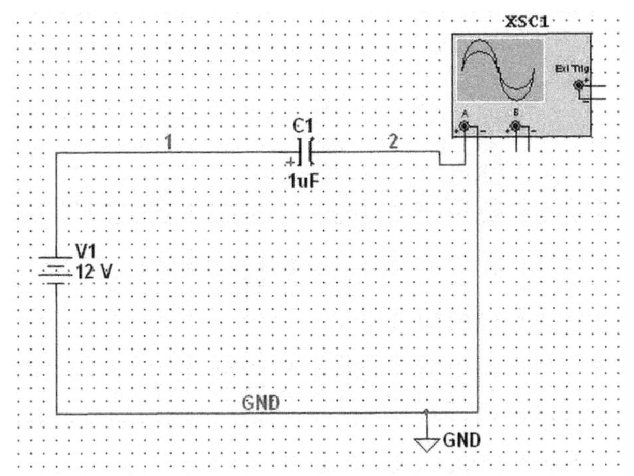

图 4.17　隔直流特性演示

由于已经知道在这个电路中是没有电流通过的，所以用示波器只能看到电压为 0，测量出来的电压波形跟示波器的 0 点标尺重合了，不便于观察，为此双击示波器，将 Y 轴的位置参数改为 1，这样就便于观察了。

打开仿真，如图 4.18 所示，这条红线就是示波器测得的电压，可以看到，这个电压是 0，从而验证了电容的隔直流特性。

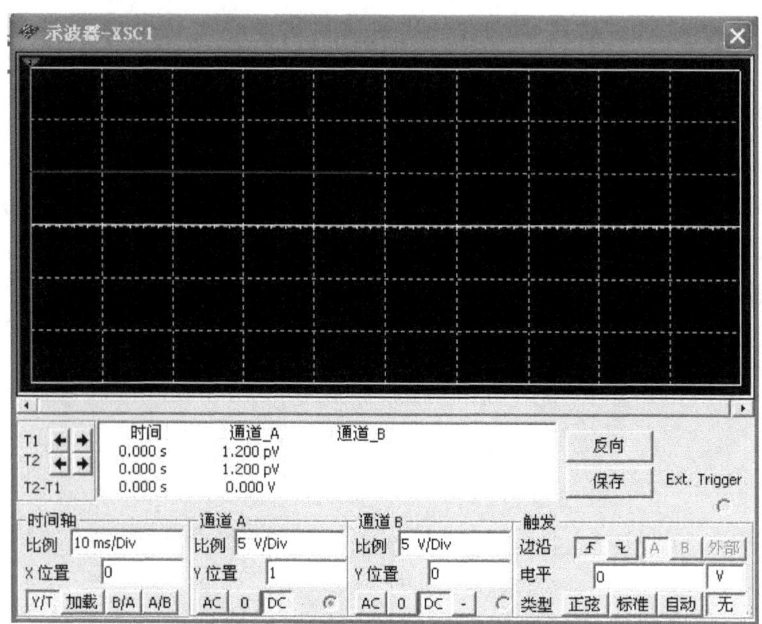

图 4.18　电容隔直流电示波器演示

2. 电容的通交流特性演示和验证

创建电路如图 4.19 所示，在本电路图中，将电源由直流电源换为交流电源，电源电压和频率分别为 6 V，50 Hz。同时，由于上面的试验中我们改变了示波器的水平位置，在这里需要将水平位置改为 0。

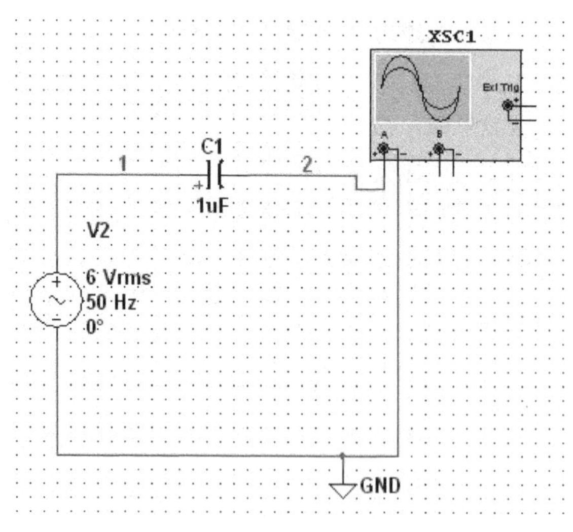

图 4.19　电容的通交流特性演示

打开仿真，双击示波器，观察电路中的电压变化情况，如图 4.20 所示。从图中可以看出，电路中有了频率为 50 Hz 的电压变化，从而验证了电容的通交流的特性。

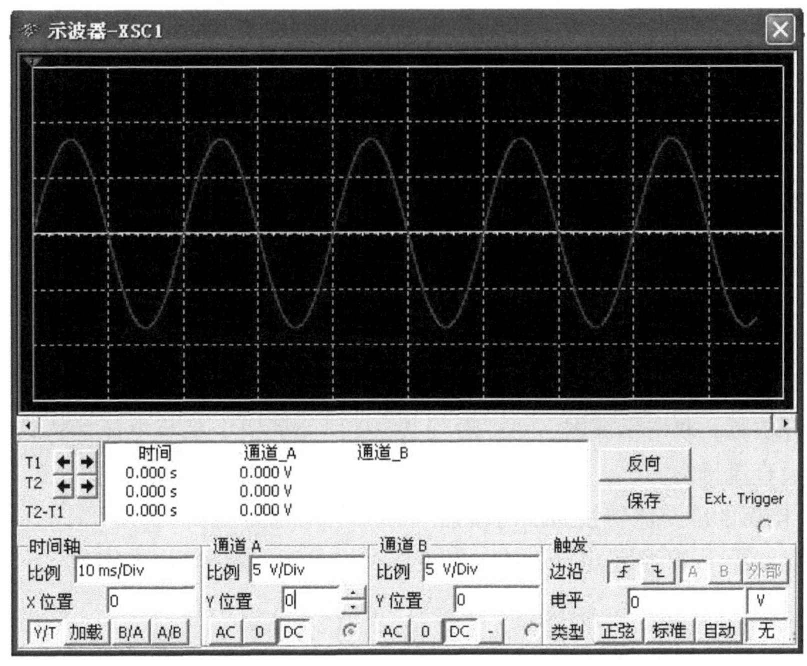

图 4.20　电压波形变化

4.6.3　电感的隔交流通直流特性演示与验证

1. 电感的通直流特性演示与验证

创建电路如图 4.21 所示。为了能更好地演示效果，在电感的两端分别连接示波器的一个通道。通道 A 测量电源经过电感后的电压变化情况；通道 B 连接电源，观察电源两端的电源情况。为了便于观察，示波器两个通道的水平位置进行了不同设置。这是因为直流电源通过电感后，其电压情况没有发生变化，示波器两个通道的波形会重叠在一起。通过调整两个通道的水平位置，将这两个波形分开，这样能够比较直观地看到两个通道的波形。

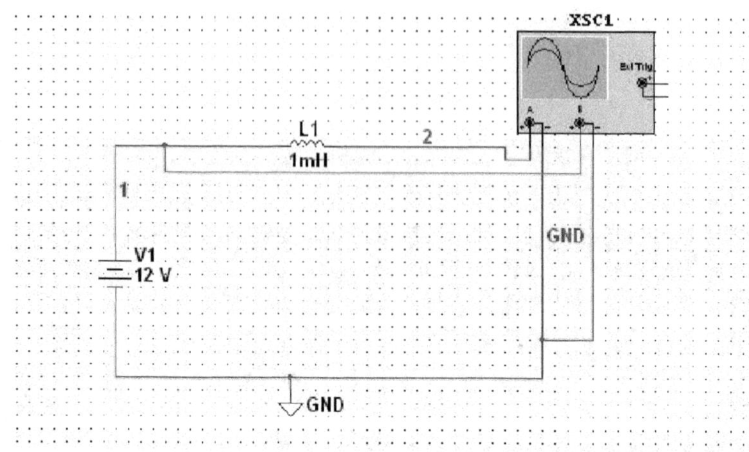

图 4.21　电感通直流特性演示

打开仿真，双击示波器，可以看到 A、B 两个通道上都有电压，这就验证了电感的通直流特性。

2. 电感的隔交流特性演示与验证

建立如图 4.22 所示电路，将电源变为交流电源，频率为 50 MHz。

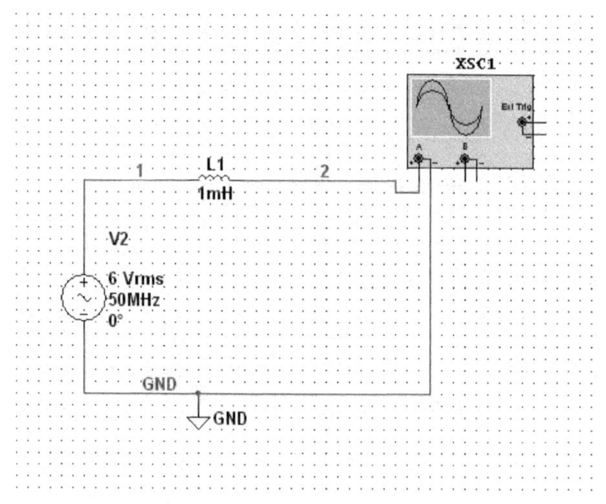

图 4.22　电感隔交流特性演示

打开仿真，双击示波器，可以看到示波器上没有电压，说明电感将交流电隔断了，如图 4.23 所示。试着改变频率的大小可以发现，在频率较低的时候，电压是能够通过电感的，但是随着频率的提高，电压逐渐被完全隔断了，这与电感的频率特性是一致的。

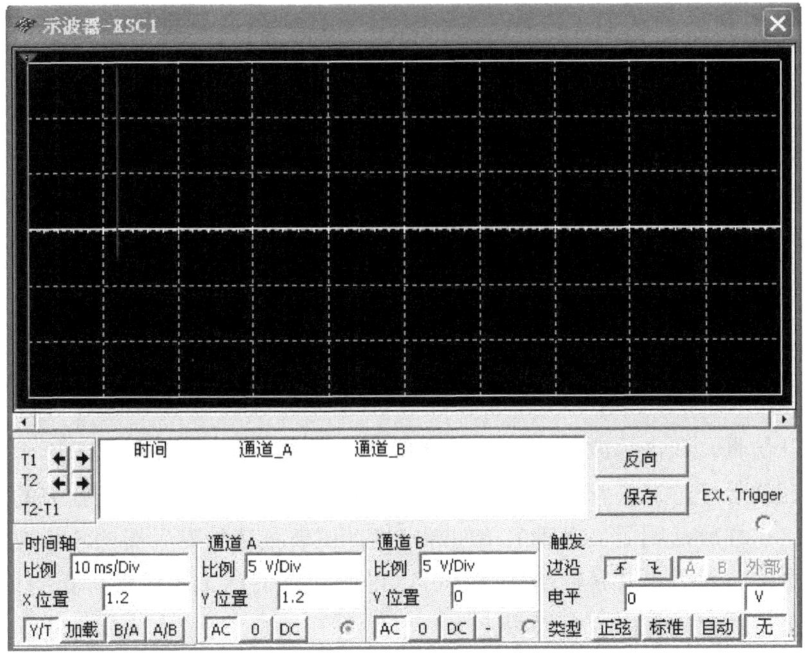

图 4.23　电感隔交流示波器演示

4.6.4　二极管的特性分析与验证

二极管单向导电性的演示与验证。建立如图 4.24 所示电路，这里用到了一个新的虚拟仪器：函数信号发生器，顾名思义，函数信号发生器是一个可以发生各种信号的仪器。它的信号是根据函数值来变化的，可以产生幅值、频率、占空比都可调的波形，可以是正弦波、三角波、方波等。这里利用函数发生器来产生电路的输入信号。仿真前应设置好函数信号发生器的幅值、频率、占空比、偏移量以及波形。示波器的两个通道一路用来检测信号发生器波形，另一路用来监视信号经过二极管后的波形变化情况。

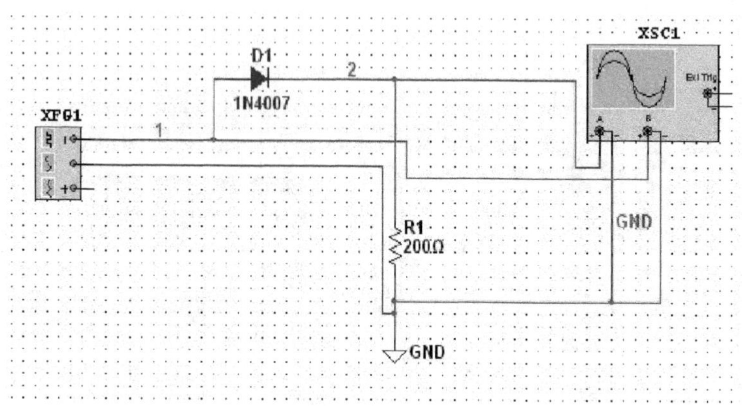

图 4.24　二极管单向导电性演示电路

打开仿真，双击示波器查看示波器两个通道的波形。如图 4.25 所示，可以看到，在信号经过二极管前，是完整的正弦波，经过二极管后，正弦波的负半周消失了。这样就证明了二极管的单向导电性。试着把信号发生器的波形改为三角波、矩形波，然后再观察输出效果，可以得出同样的结论：二极管正向偏置时，电流通过；反向偏置时，电流截止。

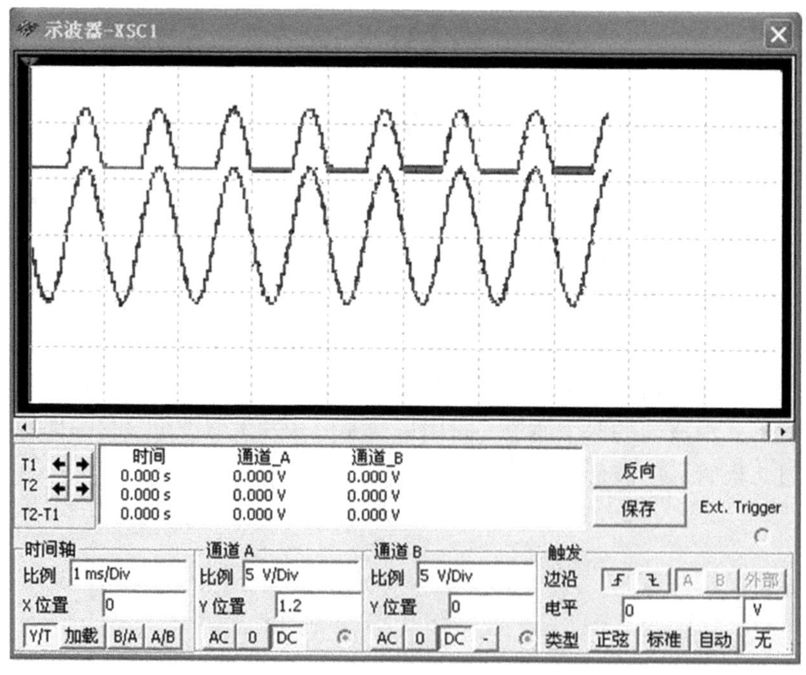

图 4.25　二极管单向导电示波器演示

尝试在电路中将二极管反过来安装，然后观察仿真效果。我们会发现，二极管反向安装后，其输出波形与正向安装时的波形刚好相反。电路和波形如图 4.26、图 4.27 所示。

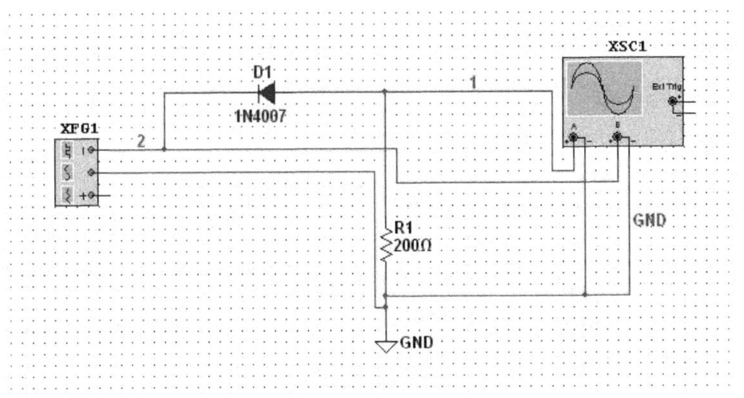

图 **4.26** 二极管反向安装演示电路

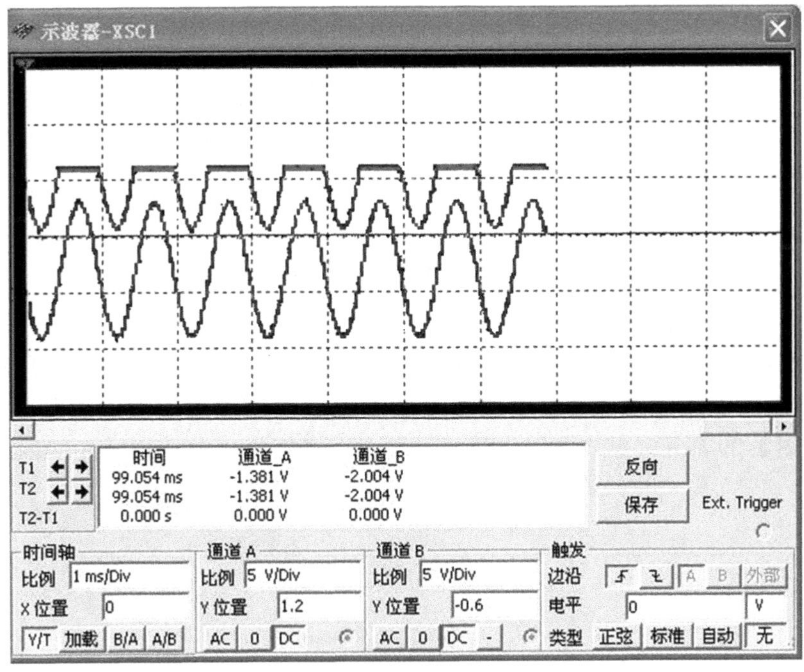

图 **4.27** 二极管反向安装波形演示

4.6.5 三极管的特性分析与验证

三极管的电流放大特性。

创建并绘制电路如图 4.28 所示。在图中，使用 NPN 型三极管 2N1711 来进行试验，采用共射极放大电路接法，基极和集电极分别连接电流表。注意，基极和集电极的电压是不一样的。

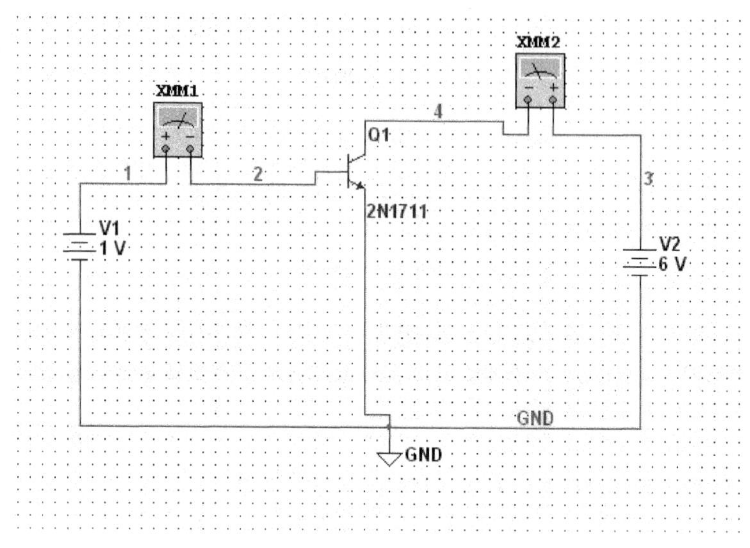

图 4.28 三极管电流放大特性演示电路

打开仿真，双击两个万用表（注意选择电流挡）。可以看到，连接在基极的电流表和连接在集电极的电流表显示的电流值差别很大。这说明在基极用一个很小的电流，就可以在集电极获得比较大的电流，从而验证了三极管的电流放大特性。如图 4.29 所示。

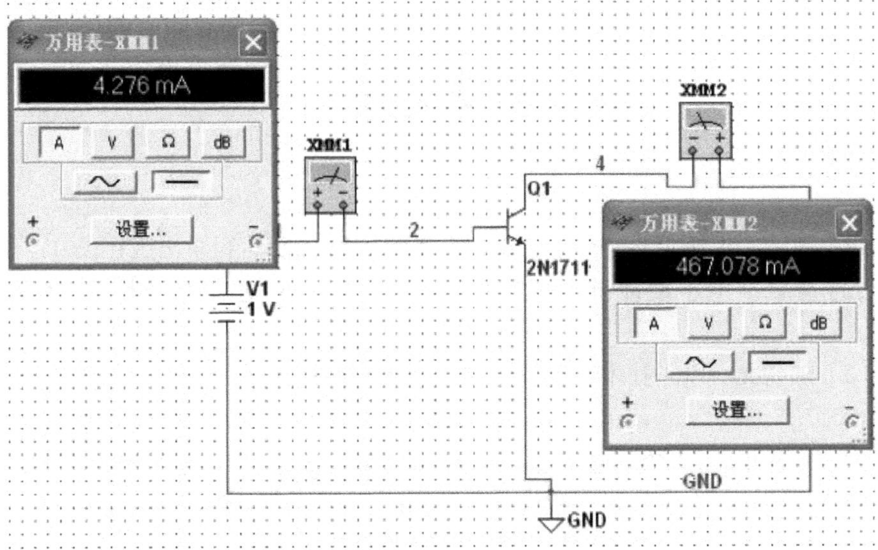

图 4.29　三极管放大特性仿真运行

参考文献

[1] 范瑜．电子信息类专业创新实践教程[M]．北京:科学出版社,2017.

[2] 顾江．电子设计与制造实训教程[M]．西安:西安电子科技大学出版社,2016.

[3] 陈明义．电子技术课程设计实用教程(第3版)[M]．长沙:中南大学出版社,2017.

[4] 赵建华,雷志勇．电子技术课程设计[M]．北京:中国电力出版社,2012.

[5] 张莉萍．电子技术课程设计指导[M]．北京:清华大学出版社,2014.

[6] 杨志忠．普通高等教育实验实训规划教材电子技术课程设计[M]．北京:机械工业出版社,2008.

[7] 杨力．电子技术课程设计实用教程[M]．北京:中国电力出版社,2012.

[8] 盛法生．电工电子技术课程设计[M]．杭州:浙江大学出版社,2011.

附录

WORD 排版技巧

1. 页面设置快速调整

问:要对 Word 进行页面调整,通常采用的方法是选择“文件→页面设置”选项的方法进行,请问有没有更快速方便的方法呢?

答:有,如果要进行“页面设置”,只需用鼠标左键双击标尺上没有刻度的部分就可以打开页面设置窗口。

2. Word 中巧选文本内容

问:在 Word 文件中进行编辑操作时,经常需选定部分文件内容或全部内容进行处理,请问有没有快捷的选定方法?

答:在 Word 中要选中文件内容时,有一些快捷的操作方法,下面为大家介绍几种用得较多的方法:

(1)字或词的选取

将指针移到要选的字或词后,双击鼠标左键即可选定。

(2)任意连续的文字选取

将指针移到要选取的文字首或末,再按住鼠标左键不放往后或往前拖动,直至选中全部要选择的文字后松开鼠标左键即可。如果采用键盘上“Shift”键配合鼠标左键可这样进行:将光标移到要选取的文字首(或末),再按住“ Shift”键不放,然后将鼠标指针移到要选取的文字末(或首)并单击,此时也可快速选中这段连续的文字。

(3)一行文字的选取

将指针移到该行的行首,在光标指针变成向右的箭头时,单击鼠标左键即可。

(4)一段文字的选取

将指针移到该段第一行的行首,同样,在光标指针变成向右的箭头时,双击鼠标左键即可。

(5)整个文件内容的选取

把指针移到该文件中任一行首(在指针变成向右的箭头时,快速单击鼠标左键三次便可选中整个文件内容)也可利用组合键“ Ctrl + A”快速选定。

另外在平时使用中,还有几个特别的快捷键可以加快选取速度:

Shift + Home:从光标处选至该行开头处。

Shift + End:从光标处选至该行结尾处。

Ctrl + Shift + Home:从光标处选至文件开头处。

Ctrl + Shift + End:从光标处选至文件结尾处。

Shift + 移动光标:逐字逐行地选中文本(用于一边看一边选取文本)。

Shift + Alt + 鼠标左键单击:可选中原光标所在位置至后鼠标左键单击光标位置的矩形区域。

小提示:在选取时,还可利用"F8"键来进行快速选取。具体操作方法:先按"F8"键激活系统内置的"扩展选取"模式(窗体状态栏的"扩展"会由灰色变成黑色,然后按"F8"键便可选择光标位置后的一个字符,若再按一次"F8"键则可选择光标所在位置的整行字符,再按一次便可选择光标所在的整段字符,再按一次则选择整篇文章。如果结合其他键还可实现更多功能,如与方向键配合使用,可灵活选择文本内容;而与编辑键(光标键上面的那些键)配合使用,则可更方便地进行选取,如按下"Home"键或"End"键,能选择当前光标所在行以光标为界的前半行或后半行,如果按住"Ctrl"键再按下这两个键,则选择以当前光标所在位置为分界点的整篇文章的前半部分和后半部分,如果按"PageUp"键或"PageDown"键,则是按上、下页选择文本。在使用完并要取消扩展模式时,只需按一下"Esc"键即可。

3. Word 中合并文件

问:在编辑文件时,若要将另一篇文件内容全部合并到该新文件中,除了采用打开原文件对内容进行复制,然后再转入新文件进行粘贴外还有没有其他更好的方法呢?

答:如果要合并两个文件,有一个更好的方法:

(1)打开要合并的一篇文件,然后在菜单栏选择"工具→比较并合并文件"选项。

(2)选择需要合并的另一篇文件,并在窗口右边的"合并"中选择"合并到该文件"项即可。通过这两步操作后,这两篇文件就会合并在一起,若要合并多个文件,则可按此方法依次进行。

4. 快速定位光标

问:在文件编辑中,经常需要把光标移到某个位置,如果能够快速进行移动,那肯定会节省很多时间,提高工作效率,请问怎样进行快速定位呢?

答:对于一些特殊的位置,可以利用快捷键进行快速定位。用得较多的几个快捷方式如下:

Home :将光标从当前位置移至行首。

End :将光标从当前位置移至行尾。

Ctrl + Home:将光标从当前位置移至文件的行首。

Ctrl + End:将光标从当前位置移至文件结尾处。

5. 字号快速调整

问:在 Word 中编辑文字时,有时只需将字号缩小或放大一磅,而若再利用鼠标去选取字号将影响工作效率,请问有没有方法快速完成字号调整?

答:可以,利用键盘选择好需调整的文字后,再在键盘上直接利用“Ctrl + [”组合键缩小字号,每按一次将使字号缩小一磅;而利用“Ctrl +]”组合键可扩大字号,同样每按一次将使所选文字扩大一磅。另外也可在选中需调整字体大小的文字后,利用组合键“Ctrl + Shift + >”来快速增大文字,或利用“Ctrl + Shift + <”快速缩小文字。

6. 快速对齐段落

问:在 Word 中要设置段落对齐,通常大家是利用格式工具栏中的对齐方式进行,请问有没有更方便快速的方法呢?

答:有,可以利用组合键来快速完成,常用的设置方式组合键如下:

Ctrl + E:段落居中。

Ctrl + L:左对齐。

Ctrl + R:右对齐。

Ctrl + shift + J:两端对齐。

Ctrl + M:左侧段落缩进。

Ctrl + Shift + M:取消左侧段落缩进。

Ctrl + T:创建悬挂缩进效果。

Ctrl + Shift + T:减小悬挂缩进量。

Ctrl + Q:删除段落格式。

Ctrl + Shift + D:分散对齐。

7. 移动光标快速定位

问:在 Word 中编辑文件时,经常需把光标快速移到前次编辑的位置,而若采用拖动滚动条的方式则非常不便,请问有没有快捷的方法呢?

答:可以利用一种组合键进行快速定位。在需要返回到前次编辑位置时,可直接在键盘上按组合键“Shift + F 5”。使用该组合键还可使光标在最后编辑过的三个位置间循环转换。

8. 快速调整 Word 行间距

问:在编辑调整 Word 文件行距时,常见一些“高手”不用调出格式来进行设置,请问他们是如何完成调整的呢?

答:其实方法非常简单,在需要调整 Word 文件中行间距时,只需先选择需要更改行间距的文字,再同时按下" Ctrl + 1"组合键便可将行间距设置为单倍行距,而按下" Ctrl + 2"组合键则可将行间距设置为双倍行距,按下" Ctrl + 5"组合键可将行间距设置为 1.5 倍行距。

9. 轻松统计 Word 文件中字数

问:Word 中有一个非常实用的字数统计功能,如要统计一个文件中的字数,可直接在菜单栏中单击"工具→字数统计"命令,便可得到一个详细的字数统计表,而且还可在文件中选中一部分内容进行该部分字数统计,但若要把该文件字数插入文件中,这样得到结果后还需进行输入,操作起来烦琐,请问有没有更方便快速的方法呢?

答:可以直接把统计字数插入到文件中,具体方法是:

(1)在菜单栏单击"插入→域"命令,在对话框"类别"下拉列表中选择"文件信息"选项。

(2)再在"类别"下拉列表中选择" NumWords"选项,并在右侧相应栏设好置域属性格式及域数字格式,最后单击"确定"按钮即可。

小提示:以后在文字有变动时,只需在菜单栏单击"工具→选项"命令,然后在打开的窗口中选择"打印"选项卡,并选择"更新域"复选框,这样打印时,便会自动更新该域,得到新的统计数目。

10. 轻松选取文件列

问:在 Word 文件中要选择行的方法很多,操作起来也很方便,而如果要对列进行操作,请问有没有方便的方法进行选取呢?

答:在 Word 文件中,行的操作非常多,而列的操作相对来说要少很多,其实要选择列有种好方法:首先把指针移到要选取的列首或列尾,然后按住键盘上" Alt"键,配合鼠标或键盘进行选取即可。